Jana Rätke

WARUM MACHT DER DAS?

Der Welpen-Dolmetscher

Kynos

Konrad-Zuse-Straße 3, D-54552 Nerdlen/Daun
Telefon: 06592 957389-0
www.kynos-verlag.de

Grafik & Layout: Kynos Verlag
Gedruckt in Lettland

ISBN 978-3-95464-242-7

Bildnachweis:
Alle Fotos von Melli Freudenberg, außer:
Adobe Stock: Coverfoto: themost-stock.adobe.com;
S. 59, gebut-stock.adobe.com;
S. 60, pgruene-stock.adobe.com;
S. 68, Dietmar Schäfer-stock.adobe.com

INHALTSVERZEICHNIS

Für Matti

1.

Zum Einstieg

Es ist ein sonniger Samstagvormittag im Juli. Filou ist neun Wochen alt und seit einer Stunde in seinem neuen Zuhause eingezogen. Seine Menschen-Familie hat ihn gerade von der Züchterin abgeholt. Bis zu diesem Tag lebte er mit seiner Mutter und seinen sechs Geschwistern zusammen, die alle genauso aussahen wie er – naja, fast. Einige seiner Brüder hatten etwas mehr braune Felltupfen als er, aber sie alle sind Australian Shepherds. Und jetzt ist er in seinem neuen Zuhause, wo niemand so aussieht wie er. Er ist jetzt Teil einer neuen Familie: Ina und Bernd mit ihren beiden Kindern Josephine (10) und Leo (6). Die Vier freuen sich riesig über den Zuwachs. Die ganze Familie scheint nett zu sein – denkt Filou. Auf der Autofahrt durfte er sogar auf dem Schoß seiner neuen Menschen-Mama sitzen. Ihm wurde ein bisschen übel vom schaukelnden Auto, aber alle waren trotzdem sehr freundlich.

Nun ist Filou also in seinem neuen Leben angekommen. Gleich vor dem Eingang des Wohnhauses hat er sich das erste Mal gelöst – ein kleiner See direkt auf einer der Betonstufen vor der Haustür. Ina hat ihn lautstark dafür belohnt. Filou hat das kurz irritiert, aber er fand den netten Empfang an der Treppe sehr lieb. Sein neues Zuhause sieht ganz anders aus als das, in dem er bisher gelebt hat. Aber allzu viel kann Filou sich in den ersten Minuten sowieso nicht anschauen. Seine Augen fallen ihm fast schon im Gehen zu. Der Abschied von seinen Geschwistern und die Autofahrt waren anstrengend für den Welpen. Nach einer kurzen Erkundung des Wohnzimmers ist er sofort eingeschlafen und liegt nun eng aneinander gekuschelt mit den Kindern auf dem Teppich. Ina wird warm ums Herz. Genauso hatte sie es sich gewünscht. Sie wollte einen treuen Begleiter für die ganze Familie. Die Mission Welpenaufzucht läuft nach Plan. Die Sorgen vom Morgen sind wie weggeblasen. Läuft bei der Abholung alles glatt? Schlaflose Nächte liegen hinter ihr. Ina hatte bei der Recherche im Internet die abenteuerlichsten Geschichten entdeckt. Von Welpen, die die ganze Autofahrt über jaulen, von zerkauten Gurten und vollgespuckten Körbchen. Aber all das ist hier nicht der Fall. Bei der kleinen Familie und ihrem vierbeinigen Zuwachs stehen die Zeichen auf rosarot.

Am Anfang ist alles neu: Gerade in den ersten Tagen nach der Abholung sind viele Welpen eher zurückhaltend.

Selbstbewusstsein getankt: Eine kleine Schnüffel-Runde durch den Garten oder die Natur hilft den meisten Welpen beim Einleben im neuen Zuhause.

Nach einer guten Stunde ist Filous Mittagsschlaf im Wohnzimmer vorbei. Etwas unbeholfen steht der kleine tapsige Welpe auf und schnüffelt mit der Nase den Teppich ab. Die Familie vermutet, dass Filou sich mal lösen muss und öffnet die Terrassentür. Der Welpe geht vorsichtig Richtung Garten, bleibt aber kurz vor dem Ausgang wie angewurzelt stehen. Zaghaft hält er die Nase in den Wind und inhaliert schnell die Luft von außen. Alles ist so neu und fremd für ihn. Filou setzt sich hin und schaut hinaus. Er fühlt sich in der ungewohnten Umgebung unsicher, aber als seine komplette neue Menschenfamilie in den Garten geht, traut auch er sich, das Haus zu verlassen. Die Kinder gehen in die Hocke und locken ihn zu sich und er geht vorsichtig zu ihnen und schmiegt sich eng an sie. Alle sind glücklich, dass ihr Welpe nun endlich eingezogen ist.

Die Familie lebt in einer schönen Doppelhaushälfte auf dem Land mit einem großzügigen Garten. Damit Filou nicht verlorengeht, hat Familienvater Bernd extra einen Teil davon welpensicher gemacht. Der enge Maschendrahtzaun ist nicht der stabilste, aber er soll den kleinen Vierbeiner davon abhalten, in die Gärten der Nachbarn zu gelangen. Der Welpe akzeptiert den Zaun

Entspannung: Auch gemeinsames Nichtstun stärkt die Bindung.

als Grenze vollkommen und bewegt sich ganz ruhig und zufrieden auf dem abgesteckten Gelände. Neugierig schnuppert er die Rasenfläche ab und die Familie genießt diesen schönen Moment.

Der Zuwachs hat sich schnell im Ort herumgesprochen. Nachbar Heinz erblickt die Familie vom Fenster aus, hüpft schnell in seine Gartencrocs und kommt aus dem Haus gelaufen. Mit seiner Körpergröße von einsneunzig ist er eine stattliche Erscheinung. Zielstrebig stapft Heinz in Richtung Zaun und begrüßt die Familie lautstark. Welpe Filou hatte den Nachbarn noch gar nicht bemerkt und sieht plötzlich einen großen Schatten über sich. Der für den Hund völlig fremde Mann hängt bäuchlings über den Zaun gebeugt direkt über ihm und spricht mit seiner kräftigen, tiefen Stimme auf ihn ein. Mit der linken Hand stützt sich Heinz am Zaun ab, mit der rechten Hand versucht er, Filous Kopf zu streicheln, für den die Körperhaltung des Mannes eine Bedrohung darstellt. Als Heinz dann auch noch die Hand nach ihm ausstreckt, saust der Welpe weg vom Zaun und versteckt sich hinter dem Sohn der Familie. Heinz, der schon seit vielen Jahren Hunde hat, schlägt die Hände über dem Kopf zusammen und sagt zu seinen Nachbarn: „Da habt ihr aber einen kleinen Angsthasen, das haben wir gleich."

Und ehe sich die Familie versieht, greift Heinz hinter sich und hebt seinen einjährigen Jack Russell Terrier-Rüden Rocky über den Zaun. Kaum hat Rocky mit den Pfoten die Erde auf der anderen Seite des Zauns berührt, nimmt er Anlauf und rast mit hoher Geschwindigkeit in Filou hinein, rennt ihn quasi ungestüm über den Haufen. Der wiederum quiekt auf und rennt schreiend durch den Garten. Heinz sagt: das sei ganz normal. Das ist Hundesprache. Die haben das jetzt geklärt.

Rums. Das war Filous erste Begegnung mit einem Hund, der anders aussah als seine Mutter und Geschwister.

Nachbar Heinz denkt: „Das muss so sein."

Filou denkt: „Ich will hier wieder weg."

Und die Familie ist als Ersthunde-Besitzer verunsichert.

Ihr Bauchgefühl sagt ihnen, dass das nicht gut war, aber sie schieben ihre Zweifel beiseite, weil der scheinbar erfahrene Hundebesitzer Heinz sagt, dass dies so sein müsse.

Was willst du denn? Eine zu stürmische Begrüßung kann das Gegenüber irritieren.

Missverständnisse zwischen Menschen und Hund

Jetzt habe ich Sie gleich in eine typische Situation als Welpenbesitzer mitgenommen. Egal wie gut man sich auf den Einzug des Vierbeiners vorbereitet, es gibt Augenblicke, in denen man komplett verunsichert ist. Die Fragen „Warum tut er das?“ oder „Was hätten wir besser machen können?“ werden mir als Hundetrainerin sehr oft gestellt. In meinen Welpenkursen sage ich immer zu meinen Kunden, dass ich mich als Anwältin der Hunde sehe, als eine Art Dolmetscherin zwischen Hund und Mensch.

Bei der Begegnung zwischen Rocky und Filou wäre auch ein Übersetzer von Nöten gewesen. Jemand, der ihren Besitzern ihr Handeln und vor allen Dingen ihre Bedürfnisse erklärt. Bei der Situation mit Nachbar Heinz handelt es sich um ein klassisches Missverständnis zwischen Mensch und Hund und solche unschönen Hundebegegnungen ereignen sich leider täglich. Warum ist das so? Es sind buchstäblich Übersetzungsfehler! Jack Russell Terrier Rocky wäre höchstwahrscheinlich von allein nie über den Zaun gesprungen, er hätte allenfalls am Zaun gestanden und geschaut oder gebellt. So hätte sich Welpe Filou auf den Kontakt mit dem Artgenossen vorbereiten können und wäre von der ersten Begegnung nicht so überrumpelt worden.

Hier hätte es einen Übersetzer gebraucht

Nachbar Heinz ist überzeugt, Hunde müssten stets Begegnungen allein bewältigen und daraus entstehende Konflikte gehören zum Hundeleben einfach dazu. Anders seien Hunde für ihn nicht anders aneinander heranzuführen und mal geht der eine oder der andere als „Sieger“ hervor.

Mit dem Mythos „Hunde müssen das selbst regeln“ im Gepäck hat er mit dem Hinübersetzen seines Hundes in guter Absicht gehandelt, dabei jedoch auch den eigenen Hund in eine unnatürliche Situation gebracht. Denn in einer solchen vom Menschen erschaffenen Situation handeln Hunde nicht mehr instinktiv.

Welpenschutz gibt es nur im eigenen Rudel

Filou selbst hätte niemals Kontakt mit einem fremden erwachsenen Hund, denn die Mutterhündin würde dazwischengehen und damit klar sagen: „Ich erziehe und beschütze diesen Welpen.“ Filou und Rocky hat genau das gefehlt, denn ihre Menschen haben sie im oben beschriebenen Beispiel nicht erzogen oder beschützt.

Hier beweisen die Menschen Management-Qualitäten: Durch das Zurückhalten des ungestümen Fiete (rechts) gewinnt Cleo Zutrauen.

Wer bist denn du?
Mit Hilfe der Leine ist eine kontrollierte Kontaktaufnahme möglich.

Viele Menschen scheuen sich, ihren Hund aus brenzligen Situationen herauszuholen oder diese zu verhindern. Zu groß ist oft die Angst, den Hund zu verhätscheln oder zu verwöhnen. Der erhobene Zeigefinger von Nachbarn, Freunden oder Bekannten ist oft im Kopf präsent und mahnt. „Lass deinen Hund doch Hund sein.“ Dabei ist das Bauchgefühl des Welpenbesitzers „Ich darf meinen Vierbeiner beschützen“ meist goldrichtig. Oder anders gefragt: Wer soll Ihren Hund denn sonst beschützen? Er hat nur Sie auf der Welt, er ist abhängig von Ihnen.

Außerhalb des eigenen Rudels genießen Welpen keinen besonderen Schutz aufgrund ihres Alters. Erwachsene Hunde finden Welpen in der Regel eher überflüssig und etwas nervig. Im Gegensatz zu uns blinken ihnen beim Anblick eines Welpen keine Herzchen in den Augen. Das liegt daran, dass fremde erwachsene Hunde nicht für die Welpen und deren Erziehung zuständig sind. Sozialisierte erwachsene Hunde ignorieren Welpen oder gehen bei zu aufdringlichen Welpen weg, denn Erziehungsarbeit leistet nur das eigene Rudel.

Keine Lust auf Welpen: Die Sheltie-Hündin Liv zeigt dem kleinen Labrador deutlich, dass sie aktuell keinen Kontakt möchte.

Denken Sie jetzt, dass das nicht sein kann? Ihr erwachsener Hund spielt doch auch mit Welpen? Das eine schließt das andere nicht aus. Wenn ein erwachsener Hund in einem für ihn klaren Rudelkonstrukt lebt, können auch wunderbare Begegnungen mit Welpen möglich sein. Ganz wichtig zu beachten ist dabei nur: Ein Spiel mit einem Welpen ist für einen erwachsenen Hund (wenn es sich nicht um die Mutter handelt) nur dann möglich, wenn dieser sich nicht für den Welpen verantwortlich fühlt und sich in der erzieherischen Aufgabe sieht, denn sonst kann die Korrektur eines Welpenverhalten unverhältnismäßig hart ausfallen und zu ernsthafte Beschädigungen des Welpen führen.

Hinzu kommt selbstverständlich auch die Sympathie zwischen den Hunden: auch wenn sich ein erwachsener Hund zwar nicht für einen jüngeren Hund zuständig fühlt, kann er ihn auch einfach uninteressant finden und daher nicht an einem Spiel interessiert sein. Genau wie beim Menschen kommt es auf die Chemie an. Mit diesem Wissen und Verständnis für das Handeln von Hunden kann man unschönen Begegnungen vorbeugen.

Viele Menschen haben ein gutes Gespür für ihren Hund und handeln oftmals intuitiv richtig beziehungsweise würden es wahrscheinlich noch häufiger tun, wenn sie nicht von anderen Leuten, in unserem Beispiel Nachbar Heinz, überrumpelt würden. Dieses Buch soll alle Hundehalter darin bestärken, ihrem Gefühl für den eigenen Hund zu vertrauen und ihn zu beschützen – und mit Mythen, die sich leider immer noch hartnäckig halten, aufzuräumen.

Wir wissen nun, dass es den Welpenschutz ausschließlich innerhalb des eigenen Rudels gibt, in dem klar festgelegt ist, wer für die Erziehung verantwortlich ist und wer wen beschützt. Ähnlich verhält es sich mit den Hunden, die bei uns leben. Sie akzeptieren uns, ihre Menschen, als vollwertigen Sozialpartner und innerhalb dieses engen Konstruktes sollte es wie in einem Rudel eine klare Aufgabenverteilung geben, wer wen erzieht und wer wen schützt, damit es nicht zu Konflikten kommt.

Unsere Welpen ziehen in der Regel zwischen der achten und zwölften Woche in ihr neues Zuhause ein. Ab diesem Zeitpunkt sind ausschließlich die Menscheneltern für die Erziehung zuständig; eine große Verantwortung. Aber dieses Wissen kann irgendwo auch schon erleichternd sein, oder? Denn gerade die erste Phase mit einem jungen Hund ist oft von Unsicherheit geprägt und Welpenbesitzer stellen sich häufig die Frage, wie viel Fürsorge normal ist oder ab wann die Vermenschlichung beginnt. Wenn man sich als Besitzer eines Welpen schonmal im Klaren darüber ist, dass man seinen Hund schützen und leiten darf, ist man schonmal gut gerüstet.

Aber warum hat Jack Russell Terrier Rocky denn Filou nun so rüde umgerannt? Schlicht und ergreifend, weil bei der Begegnung der Mensch gefehlt hat, der die Aufgaben deutlich verteilt hätte. Der Jack Russell Terrier hat dadurch, dass er über den Zaun gehoben wurde, gedacht, er müsse jetzt Welpe Filou erziehen und war damit überfordert. Rocky wohnt seit einem knappen Jahr bei Heinz und durfte bis jetzt die gesamte Grünfläche der beiden Doppelhaushälften für sich nutzen, wo er täglich die andere Familie im Nachbarhaus besucht und mit den Kindern Leo und Josephine durch den Garten tollt. Und plötzlich steht da nicht nur ein Zaun, sondern noch dazu ein anderer Hund. Rocky hatte keine Gelegenheit sich adäquat mit der Situation auseinanderzusetzen und wurde direkt in die Rolle des „Regel das jetzt mal“ gedrängt.

Diesen Impuls hat er sofort an Filou weitergegeben, denn in einen anderen sitzenden Hund hineinzulaufen ist keine Höflichkeit

Ob auch die Hunde sich mal anfreunden? Die Leine dient erst einmal der Entspannung.

Keine gute Idee: Frei herumliegendes Spielzeug kann ein Konfliktpotenzial sein.

und hat auch nichts mit Spiellaune zu tun, sondern schlicht mit Hilflosigkeit. Was er Filou damit sagen wollte, war: „Du gehörst hier nicht her“. Rüde Rocky wurde vermutlich auch nie beschützt und als Welpe wahrscheinlich ebenso von erwachsenen Hunden umgerannt. Unschöne Erfahrungen, aus denen sich ein ritualisiertes Verhalten entwickelt, denn dies hat Rocky in der Vergangenheit schon einige Male angewandt und es war für ihn immer erfolgreich, um ungewollten Begegnungen zu entgehen.

Im schlimmsten Fall hätte Filou jetzt ein Leben lang Angst vor Jack Russell Terriern. In der Sozialisierungsphase (ungefähr bis zur 16. Woche) speichern die Kleinen ihre Erfahrungen ab. Das heißt, Filous geistiger Speicherplatz für Jack Russell Terrier ist nun erst einmal negativ belegt. Das sollten die Besitzer unbedingt in den kommenden Wochen zu beheben versuchen – durch viele positive Begegnungen mit Rocky.

Haben Sie aktuell einen Welpen und planen die Zusammenführung mit dem Hund der Freundin oder dem Vierbeiner der Großtante?

Dann lassen Sie uns gemeinsam schauen, wie man eine solche Situation auch entspannt gestalten kann. Dazu springen wir kurz zurück zu Filou und Rocky. Wie hätte man das erste Zusammentreffen entspannter und vor allen Dingen im Sinne der Hunde gestalten können?

Erste-Hilfe-Tipp VOR dem ersten Treffen

Generell wäre eine Begegnung der beiden Hunde außerhalb des Grundstückes stressfreier gewesen. Vor allen Dingen für Rocky, der den Garten als sein Territorium ansieht, kamen bei dem Aufeinandertreffen mehrere Dinge zusammen. Er wurde schlicht überrumpelt von dem neuen Hund und das noch in „seinem Revier“.

Für die erste Begegnung zwischen einem erwachsenen Hund und einem Welpen sollte außerdem die Leine zum Einsatz kommen, um beide Hunde in ihrem Radius zu begrenzen. Aber macht eine Begegnung mit Leine den Hunden überhaupt Spaß?

Viele Hundebesitzer befürchten, dass die Leine den Hund stören oder er sie als Zumutung empfinden könnte. Alle Bedenken dazu sind absolut verständlich. Natürlich ist es für den Menschen auch mühsam, die Leine so zu halten, dass sich niemand darin verheddert oder stolpert. Aber der Nutzen ist für alle Beteiligten höher und die Mühe allemal wert. Für mich ist die Leine auch kein Werkzeug, um den Hund zu korrigieren. Sie bedeutet für mich zuallererst einmal Sicherheit. Um das Anleinen oder die Leine an sich kursieren viele Mythen! Wie viel Leine sinnvoll ist, schauen wir uns daher später noch gemeinsam an.

Sicherheit vor Freiheit: auf einem nicht eingezäunten Gelände kann auch ein Spiel an der Leine Spaß machen.

Wenn ein kleines Kind noch nicht schwimmen kann, geht es mit Schwimmflügeln ins Wasser. Versuchen Sie die Leine bei Ihrem Welpen genau wie einen Schwimmflügel zu betrachten: Er bietet Schutz und ist meistens nur temporär. Ich sehe die Leine als eine Art Nabelschnur, die Hund und Mensch verbindet. Und natürlich übertragen sich Anspannung sowie Entspannung darüber gegenseitig – die Leine vermittelt dem Hund daher auch ein Gefühl von Sicherheit, wenn der Besitzer ebenfalls entspannt ist.

Im Fall von Rocky und Filou hätte der Einsatz einer Leine die Situation anders gestaltet und beiden Hunden Sicherheit gegeben. Durch den begrenzten Radius hätte Rocky sich nicht in die Rolle des Erziehers hineingezwängt gefühlt.

Langsame Annäherung: Manchmal braucht Freundschaft Zeit, sich zu entwickeln.

Ab wann ist der passende Moment zum Ableinen bei Hundebegegnungen? Es gibt nicht DEN einen Zeitpunkt, denn der hängt immer von der jeweiligen Situation ab. Lassen Sie sich in dem Fall nicht von Ihren eigenen Emotionen manipulieren: Ob Ihr Hund einen jungen Hund gut findet, hat nichts damit zu tun, ob Sie selbst den Welpen süß finden. Für Hunde ist es auch vollkommen in Ordnung, wenn sie erst bei der zweiten oder dritten Begegnung abgeleint werden.

Im Beispiel von Rocky und Filou wäre eine Leine vorteilhaft für den Australian Sheperd gewesen: Sie hätte ihm Schutz geboten, weil sich seine Besitzer wiederum schützend vor ihn hätten stellen können und er nicht hätte flüchten müssen. Ohne Leine sah seine Lernerfahrung hingegen so aus: „Ich muss flüchten, weil ich gerade umgerannt wurde. Und Flüchten hilft, weil mir kein Mensch hilft."

Da solche Situationen aber leider immer mal wieder passieren, folgt jetzt hier der

Erste Hilfe-Tipp NACH einer solchen Situation

Zunächst einmal muss man sich bewusst machen, dass zwischen Filou und Rocky trotz dieses Vorfalls jetzt nichts dauerhaft geregelt ist. Der Mythos, dass Hunde einmal rangeln müssten und dann sei ihr Verhältnis zueinander für immer geklärt, hält sich leider sehr hartnäckig, trifft aber zum Glück so nicht zu. Nicht zusammenlebende Hunde, die sich nur außerhalb treffen, müssen bei jeder Begegnung aufs Neue kommunizieren. Sie schauen, ob sie sich aus dem Weg gehen wollen oder sich sympathisch sind (später dazu mehr). Das gilt auch für Hunde von nahen Angehörigen, wie zum Beispiel der eigenen Schwester. Die Vierbeiner nehmen keine Rücksicht auf familiäre Verhältnisse ihrer Menschen, wenn es um die Wahl von Freunden geht. Einzig in einem bestehenden Rudel werden Rangordnungen und Aufgaben verteilt, die für eine längere Zeit Bestand haben. Wenn mehrere Hunde miteinander leben, werden die Fronten nicht täglich aufs Neue geklärt, denn dies wäre unnötiger Stress.

Filou und Rocky sollten bei einem erneuten Zusammentreffen nicht ohne ihre Menschen sein. Denn dann würde Rocky erneut unter großem Getöse sein Revier verteidigen und Filou in seiner Meinung „Oh oh, vor dem muss ich mich in Acht nehmen!" bestätigt werden.

Die beiden Familien können die Hunde zunächst angeleint bei Treffen außerhalb des Grundstücks langsam aneinander gewöhnen. Unter guter Anleitung kann zwischen den beiden Rüden ein entspannter Umgang entstehen, auch wenn sie vielleicht nicht zusammen spielen sollten.

2.

Bin ich eine Welpen-Glucke®

Kuscheln ist erlaubt: Einen Hund auf dem Arm zu knuddeln hat nichts mit Vermenschlichung zu tun.

Wie viel Fürsorge benötigt ein Welpe eigentlich? Kann ich einem Junghund auch zu viel Liebe schenken? Ab wann ist die Sorge um den Welpen übertrieben? Oft berichten mir Kunden von Situationen, in denen sie ihren Hund intuitiv beschützen möchten. Beispielsweise, wenn sie ihm anmerken, dass er einen Kontakt mit einem Artgenossen nicht möchte oder mit einer Situation überfordert ist. Dann bittet man den anderen Besitzer höflich darum, den Hund anzuleinen. Oft folgt dann leider der legendäre Satz „Der will nur spielen". Und ehe man sich versieht, findet man seinen Hund in einem Konflikt vor, den man im Voraus befürchtet hat und eigentlich verhindern wollte, während man gleichzeitig mit fremden Personen über die Erziehung des eigenen Hundes debattiert. Warum wird man von anderen Besitzern oft regelrecht in eine Diskussion gedrängt? Möchte nicht jeder das Beste für seinen Vierbeiner?

Die Ursache für die oft völlig unterschiedliche Bewertung einer Situation ist die falsche Einschätzung der Hundebedürfnisse. Der Vorwurf an umsichtige Welpenhalter lautet dann: „Ihr vermenschlicht ja die Hunde". Ich frage mich dann immer, was verstehen die Menschen darunter? Ich assoziiere damit Personen, die ihren Hunden Klamotten anziehen (abgesehen von einem Mantel, wenn der Hund keine Unterwolle hat) oder ihren Vierbeiner in einen Kinderstuhl setzen. Weder das eine noch das andere ist mir bislang bei meiner Arbeit begegnet.

Vielmehr erlebe ich täglich, dass das Verhalten eines Welpen fehlinterpretiert wird, weil die Halter die Handlungen des Tieres mit seiner menschlichen Auffassung deutet. So entstehen Missverständnisse, da hier zwei Parteien unterschiedliche Sprachen sprechen.

Wenn zwei Menschen aneinander vorbeireden, kommt es zu Missverständnissen. So ist es auch bei unseren Hunden. Wenn wir ihre Sprache nicht richtig deuten können, treten unweigerlich Missverständnisse auf. Und aus diesen scheinbar banalen Alltagssituationen entstehen später nicht selten unerwünschte Verhaltensweisen.

Als Hundetrainerin begleite ich täglich Menschen und ihre Welpen durch die Zeit auf dem Weg zu einem harmonischen Gespann. Besonders schön finde ich dabei, dass jedes Mensch-Hund Team individuell zu betrachten ist. Es gibt keine Schablone, die auf jeden Welpen passt. Jeder Hund ist anders. Jeder Halter hat andere Vorstellungen, Erwartungen und Bedürfnisse. Deshalb muss das Training auch immer individuell auf die jeweiligen Mensch-Hund-Teams abgestimmt sein.

Ist der Welpe auch noch so süß - jeder kleine Hund stellt seinen Menschen mal vor Hürden.

Gerade in den ersten Wochen mit einem Welpen gibt es unzählige Situationen, in denen man am liebsten direkt in das Gehirn des Hundes schauen würde. Im Alltag entstehen Fragen wie: „Was möchte mir dieses kleine Wesen sagen, wenn es vor mir sitzt und auffordernd bellt? Oder warum kneift es mir immer in das Hosenbein, wenn ich in Ruhe Zeitung lesen möchte?“

In der einen Minute schläft das kleine Fellknäuel friedlich neben einem und scheinbar von der einen auf die andere Sekunde hüpft ein wild bellender Welpe vor einem herum. Die meistgestellte Frage darauf ist dann: „Warum macht der das?“

Die Aufzucht eines Welpen ist häufig ein Wechselbad der Gefühle. Scheinbar aus heiterem Himmel nimmt der Welpe eine Art Persönlichkeitsänderung vom süßen schlafenden Welpen zum undurchschaubaren bellenden Hund vor.

Interpretiert man als Mensch die Situation dann falsch, können die Weichen für ein harmonisches Zusammenleben schon ungünstig gestellt werden. Deshalb schauen wir uns gleich in praxisnahen Fällen zusammen typische Situationen an und analysieren gemeinsam, welches Verhalten der Hunde was genau bedeutet. Das Gute: Sie sind mit Ihren Fragen nicht allein. Jeder Welpen-Besitzer kommt an einen Punkt, an dem er sich wünscht, der Vierbeiner könne reden. Um auf „Warum macht der das?“ eine Antwort zu finden, müssen wir die Ursache kennen und verstehen. Für einen Lösungsweg benötigt man zunächst immer etwas Hintergrundwissen zur jeweiligen Situation. Kommt man dem Grund auf die Schliche, werden so manche Alltags-Problemchen auf einmal logisch.

3.

Sprechen Sie hündisch®

Sheltie-Hündin Liv möchte nicht spielen. Labrador Luna versteht die Ansage.

Um in den Fallbeispielen die Frage „Warum macht der das?" beantworten zu können, lassen Sie uns im folgenden Kapitel gemeinsam die Sprache der Hunde näher anschauen. Das gelingt am besten, indem wir typische Missverständnisse betrachten, die jeder Hundebesitzer kennt oder schon einmal gehört hat.

Unsere Vierbeiner widmen uns ihr ganzes Leben. Ich finde, wir sind es ihnen deshalb mehr als schuldig, dass wir ihre Ausdrucksweise erlernen. Es ist so hilfreich, seinen Hund gut zu verstehen – nicht nur bei externen Begegnungen mit fremden Vierbeinern, sondern auch in der Kommunikation innerhalb des eigenen Rudels.

Natürlich kann man die Körpersprache und die Kommunikation unter Hunden nicht an einem Wochenende erlernen und das verlangt Ihr Hund auch gar nicht von Ihnen. Stellen Sie sich vor, Sie würden in einem Land, in dem Sie die Sprache nicht richtig sprechen, einen Passanten nach dem Weg fragen. Dann erwartet der Einheimische auch keine sprachliche Perfektion von Ihnen. Es kommt vielmehr auf die Bereitschaft an, die Sprache erlernen zu wollen. Und im Falle eines Missverständnisses zwischen Mensch und Hund kommt es in erster Linie auf die Erkenntnis an, dass die Hunde eine eigene Sprache sprechen und wir nicht alles nach dem eigenen Gefühl interpretieren können.

Wenn wir unsere Hunde lesen und verstehen lernen wollen, müssen wir aus unseren alten Mustern ausbrechen. Wir Menschen sind es im täglichen Umgang miteinander gewohnt, aus Handlungen Schlüsse zu ziehen. Bei Begegnungen interpretieren wir viel, sammeln dadurch zusätzliche Informationen.

Wir treffen eine Nachbarin beim Bäcker und geraten ins Plaudern. Während des Gesprächs fällt uns auf, dass sie gestresster als sonst aussieht. Sofort überlegen wir unbewusst, in welcher Stimmung sie sein könnte und was die Gründe für ihre Bedrückung sein könnten. Wir folgen einem Gespräch und gleichzeitig analysieren wir die Stimmung unseres Gegenübers anhand der Mimik. Mit dem Bewusstsein im Hinterkopf, dass es der Nachbarin nicht so gut zu gehen scheint, verhalten wir uns unter Umständen noch ein bisschen fürsorglicher als sonst.

Und genau dieses Verhaltensmuster müssen wir ablegen, wenn wir unseren Hund richtig verstehen wollen. Je länger man mit seinem Hund zusammenlebt, desto mehr entwickelt man natürlich auch intuitiv ein Gefühl für die Bedürfnisse. Geht es Ihrem Hund mal nicht gut, werden Sie es sofort durch Ihre Beobachtungsgabe und Empathie erkennen. Aber bei der Übersetzung und schließlich dem Verständnis für die Körpersprache der Hunde hilft uns unsere Intuition allein nicht weiter.

Ein Beispiel: Zwei Hunde kommen aus verschiedenen Richtungen in ein Waldstück und passieren jetzt den gleichen Hauptweg. Hund A kommt aus Norden, Hund B aus südlicher Richtung. Hund A erblickt Hund B und setzt seinen Weg unbekümmert weiter fort. Hund B erblickt hingegen seinen Artgenossen und verlangsamt sein Tempo drastisch, bis er nur noch schleicht. Sein Oberkörper geht dabei immer tiefer, sein Kopf senkt sich langsam ab, sein Blick ist starr auf Hund A gerichtet. Und auf einmal – plopp, liegt Hund B flach auf dem Boden, sein Kopf fest zwischen die Vorderbeine auf die Erde gepresst, ohne ihn ganz abzulegen.

Körpersprache ist facettenreich: Mini-Australian-Shepherd-Hündin Cleo zeigt „Alibi-Schnüffeln". Ein Verhalten aus einer Unsicherheit heraus. Die Nase ist zu Boden gerichtet, der Blick aber zu Rüde Fiete gerichtet.

Als Hund A das sieht, schaut er penetrant zur Seite, um so konfliktvermeidendes Verhalten zu zeigen.

Was ist hier vor sich gegangen? Hund B zeigt ein Anschleichen, ursprünglich ein jagdliches Verhalten. Der Hund pirscht sich zu seiner Beute an, bis er kurz vor dem Angriff an Tempo zulegt. Sie merken schon, die Übersetzung dieses Verhaltens zeigt, dass die Hunde gerade keine Nettigkeiten austauschen. Hund A erkennt es und zeigt mit dem Abwenden des Kopfes beschwichtigendes Verhalten.

Derartige Situationen passieren unzählige Male am Tag, immer da, wo sich Mensch-Hund-Gespanne treffen. Wir Menschen neigen in Situationen schnell zum Interpretieren. Denken Sie an das Treffen der Nachbarin beim Bäcker und die Schlussfolgerung auf ihre Stimmung nur allein anhand ihres Gesichtsausdruckes. Irgendwie ist sie bedrückt, haben Sie ihrer Mimik entnommen.

Nun zurück in den Wald. Die Hunde gehen aufeinander zu, der eine im Schleichgang und mit starrem Blick, der andere schaut penetrant zur Seite und versucht seitlich auszuweichen. Häufig sind dann Sätze wie diese zu hören: „Die finden sich toll, die kennen sich aus der Nachbarschaft. Der eine legt sich immer hin und wartet bis das Spiel los geht". Oft wird der konfliktvermeidende Hund noch zur Interaktion verbal aufgefordert. „Ja geh doch mal gucken, das ist doch der Bruno von Frau Müller".

Doch der Bruno sagt mit jeder Faser seines Körpers: „Das ist mein Wald!" Die menschliche Interpretation lässt gedanklich schon mal die Backförmchen für ein Spiel herausholen. Das ist jedoch eine Fehlinterpretation! Diese Situation ist ungefähr mit zwei dreijährigen Kindern im Sandkasten vergleichbar, von denen das eine das andere ständig mit der Schaufel auf den Kopf haut, weil es sein Backförmchen behalten will. Jedem Menschen wäre da klar: das hauende Kind möchte jetzt nicht spielen, es möchte seinen Besitz verwalten. Warum sind wir da so sicher in unserer Vermutung? Weil wir die menschliche (Körper-)Sprache fließend beherrschen. Wir können Mimik, Gestik und die Vokabeln sofort einordnen und einem Sachverhalt zuordnen. Damit wir auch unsere Hunde richtig verstehen, müssen wir die Übersetzung von deren Mimik und Gestik lernen. Unser menschliches Gespür kann uns da nicht immer leiten, da wir manches schlicht falsch übersetzen.

Bei der Begegnung der Hunde im Wald bräuchten die Halter zunächst ein verbessertes Bewusstsein für die Körpersprache ihrer Hunde. Hund B zeigt jagdliches Anschleichen und droht seinem Gegenüber damit. Erste-Hilfe-Tipp für den Besitzer ist es, die Handlung so gut es geht abzumildern, indem er seinen Hund auf die abgewandte Seite nimmt. Dann hat sein Vierbeiner keinen Frontalblick auf den vermeintlichen Kontrahenten.

Für Hund A wäre es ebenfalls eine Erleichterung, wenn sein Besitzer ihn auf die abgewandte Seite nehmen würde, um ihm so das Gefühl zu vermitteln, dass er dem Artgenossen nicht schutzlos gegenübertreten muss. So übernehmen die Halter jeweils die Verantwortung für diese Situation.

Klingt das gerade sehr abstrakt oder theoretisch für Sie? Haben Sie keine Angst, die Sprache der Hunde zu lernen. Natürlich wissen Sie von heute auf morgen noch nicht alles, was Hunde da gerade untereinander so kommunizieren. Aber allein das Bewusstsein, dass sich die Vierbeiner bereits auf große Distanz austauschen, schärft den Blick für potenzielle Konfliktsituationen.

Versuchen Sie die eigene Interpretation und Intuition auszuschalten und Begegnungen zwischen Hunden mal durch eine Hundebrille anzuschauen. Wir Menschen neigen schnell dazu, Hundeverhalten zu interpretieren. Denken Sie an das „Vermenschlichen".

Betrachtet man Begegnungen zwischen Vierbeinern aus der Hundesicht, fallen auf einmal ganz andere Dinge auf. Schauen Sie bei der nächsten Begegnung doch mal ganz genau hin: Was zeigt mein Hund, was macht der andere Vierbeiner? Lassen Sie uns gemeinsam einen Teil dazu beitragen, dass weniger Missverständnisse zwischen Hunden und Menschen entstehen.

„Die machen das schon unter sich aus!"

In der Hundeszene geistern viele Mythen um Erziehung und Verhalten umher. Manche davon halten sich leider über Jahrzehnte hartnäckig. Warum sind diese Glaubenssätze in vielen Köpfen so fest verankert? Lassen Sie uns einige dieser Mythen anschauen.

Die größte Verunsicherung bei der Erziehung eines Welpen entsteht dadurch, dass es zu jedem Thema acht Meinungen gibt, die nicht selten alle einem längst widerlegten Mythos entspringen.

Ganz sicher werden Ihnen auf einem Spaziergang Menschen begegnen, die die Erziehung Ihres Vierbeiners anders aufziehen würden. Ich habe drei solcher typischen Aussagen exemplarisch für mögliche Konfliktsituationen mit anderen Hundebesitzern ausgewählt. Jeder Hundehalter wird es kennen: Man geht mit einer Haltung und Vorstellung an ein Training heran und plötzlich wird einem erzählt, dass alles ganz anders sei. Die Fehlinterpretation von Hundeverhalten kann auch unter Hundehaltern zu klassischen Missverständnissen führen.

Nach einer barschen Ansage von Shelti Liv ist der junge Labrador skeptisch. Silke gibt ihrer Hündin Luna Sicherheit.

Die drei häufigsten Aussagen mit Konfliktpotenzial unter Hundebesitzern wären wohl folgende:

* **„Die regeln das unter sich!“**

* **„Sie verhätscheln Ihren Hund!“**

* **„Warum darf Ihr Hund denn nicht spielen?“**

Wir prüfen diese Aussagen mal auf ihren Wahrheitsgehalt.

Beginnen wir mit **„Das regeln die unter sich“**. Da frage ich mich immer – was meinen die Menschen, was sollen deren Vierbeiner eigentlich regeln?

Ganz nüchtern betrachtet begegnen sich zwei fremde Raubtiere, die in einer Menschenfamilie leben und dort versorgt werden. Unsere Vierbeiner leben in Abhängigkeit von uns, wir sind für sie verantwortlich. Sie müssen nicht durch einen Kampf etwa ihr Territorium verteidigen oder sich ums Futter streiten. Für sie gibt es erst einmal keinen Grund, dass sie mit Artgenossen etwas ausfechten oder regeln müssen.

Andere Hunde, die nicht mit unseren Vierbeinern in einem Haushalt leben, sind für sie keine Sozial- oder Jagdpartner. Deshalb ist der Glaubenssatz „Das regeln die unter sich“ unlogisch. Er ergibt für die Lebensform, in der unsere Hunde heute mit uns in der Gesellschaft leben, schlicht keinen Sinn.

Vielleicht wenden Sie jetzt ein, dass es aber doch durchaus Pöbel- oder Rüpeleien unter Hunden gibt. Na klar, die gibt es. Ich möchte nur auf den Punkt hinaus, dass es nicht in der Natur der Sache liegt, dass sich Hunde permanent rangeln oder Konflikte austragen müssen. Sie suchen nicht bei jeder Begegnung Streit. Im Gegenteil. Von sich aus würden Hunde möglichen Konflikten mit Artgenossen aus dem Weg gehen und die Distanz vergrößern. In unserer Gesellschaft aber begegnen sich die Hunde zwangsläufig auf engem Raum, zum Beispiel auf Fuß, Feld- oder Waldwegen oder in Einkaufsstraßen. Solange die Aufgabenverteilung zwischen Hund und Halter klar geregelt ist, in dem Fall wer für Begegnungen außerhalb des eigenen Rudels zuständig ist, stellt dies auch kein Problem dar.

Menschen, die ihre Vierbeiner in einen vorhersehbaren Konflikt schicken, handeln aus Hundesicht nicht besonders schlüssig. Wer seinen Hund unangeleint auf einen anderen schon drohfixierenden Hund zu rennen lässt, überträgt ihm in dem Moment die Aufgabe „Verteidige mich und dich!“.

Aber genau hier liegt der Knackpunkt. Unsere Hunde, so wie sie heute mit uns leben, verlassen sich auf uns. Deshalb ist es auch unsere Pflicht, Konflikte zu vermeiden oder ihnen aus dem Weg zu gehen und sie nicht bewusst in welche zu bringen.

Natürlich sollen auch Welpen lernen, eine Konfliktsituation mit gleichaltrigen Artgenossen zu lösen, dabei zu kommunizieren und ihre Sprache einzusetzen. Gerade am Anfang brauchen sie dafür aber noch die Hilfe des Halters, der den entsprechenden Weitblick besitzt und darauf basierend entscheidet, welches Verhalten zielführend ist und welches unterbrochen werden sollte. Setzen Sie dabei immer die Hundebrille auf und behalten Sie im Blick, ob Ihr eigener Hund von der Begegnung mit einem anderen Hund einen Mehrwert hat. Ein Hund, der sich nicht als Bodyguard seiner Familie sieht, wird mit dem Welpen spielen können.

Die Anwesenheit eines Menschen kann einem Hund auch im Kontakt mit Artgenossen Sicherheit geben.

Übernimmt der Hund jedoch im Alltag der Familie eine kontrollierende Funktion, ergibt ein Spiel für ihn keinen Sinn. Wägen Sie als Hundehalter daher in jeder Situation neu ab, ob Ihr und ein fremder Hund zueinander dürfen.

Behalten Sie auch hier wieder im Hinterkopf: Hunde sollten niemals etwas regeln müssen. Erinnern Sie sich an unser Beispiel der Begegnung im Wald. Ein Hund fixiert, der andere beschwichtigt. Wenn die Besitzer diese zwei ausgewachsenen und sich fremden Hunde ableinen würden, würden sie damit einen Konflikt bewusst in Kauf nehmen. Die Vierbeiner würden ihre Halter dann als Feiglinge ansehen, die ihre Hunde durch das Ableinen vorschicken und damit gegen den Instinkt der Tiere handeln, die sich aus dem Weg gegangen wären und einen Konflikt vermieden hätten.

Wir setzen ja auch kein 18 Monate altes Kind neben ein vierjähriges Kind, das permanent mit der Schaufel um sich schlägt. Ähnlich verhält es sich mit Hunden, bei denen dann so unschöne Begegnungen wie die beschriebenen passieren und vermeidbar wären.

Schaut man Junghunden beim Spielen zu stellt man fest, dass es da nicht gerade zimperlich zugeht. Das ist völlig natürlich und ein Welpe lernt mit Gleichaltrigen seine Sprache am schnellsten. Aber auch Welpen untereinander müssen nichts miteinander ausfechten. In seriös geleiteten Hundeschulen wird Ihnen die Körpersprache der Welpen gut erklärt und Sie werden schnell zu sehen lernen, wann etwas Ihren Welpen überfordert und was Sie guten Gewissens laufen lassen können.

Weiter geht es mit Top 2 der Mythen:

Der Satz **„Sie verhätscheln Ihren Hund!“** fällt meistens dann, wenn man Rücksicht auf seinen eigenen Welpen nimmt – wenn man versucht, dessen Bedürfnisse herauszufinden oder ihn beschützen möchte.

Stellen Sie sich folgende Situation vor: Sie gehen mit Ihrem Welpen an einem Feldweg entlang. Die gut einsehbare Strecke nutzen Sie dazu, um gemeinsam mit dem Welpen, der an der Schleppleine gesichert ist, die Natur zu erkunden. Sie lassen ihn ausgiebig links und rechts schnüffeln. Am Horizont, dort, wo der Feldweg in ein schönes Waldstück mit lockerem Sandboden übergeht, sehen Sie zwei Hunde. Die dazu gehörenden Menschen sehen Sie nicht. Sie empfinden die Situation aber nicht als bedrohlich, da die beiden fremden Hunde noch sehr weit weg sind. Sie fühlen sich sicher. Keine zwei Minuten später nehmen Sie eine Bodenerschütterung wahr. Sie blicken in die Ferne und merken, dass die zwei Hunde aus dem Waldstück über den Sandboden angelaufen kommen. Die zwei Hunde, die schätzungsweise jeweils gute 40 Kilo auf die Waage bringen, galoppieren direkt auf Sie zu. Haben Sie die Situation vor Augen? Ihr Fünf-Kilo-Welpe schnuppert noch gedankenverloren an einer Pusteblume, während zehn Meter von ihm entfernt zwei mittelschwere Hunde direkt auf ihn zu preschen.

Es kann jetzt verschiedene Möglichkeiten geben:

Szenario A:

Die Hunde laufen an Ihnen vorbei, da sie keinen frontalen Angriff starten wollen. Sie lassen ihr Tempo hinter Ihnen auslaufen und kommen zielgerichtet, aber nicht bedrohlich auf Sie zu. Distanzlos und fordernd versuchen die beiden dann, dem Welpen näher zu kommen. Penetrant versuchen sie, einer von vorne, der andere von hinten, den Welpen zu beschnuppern. Der überforderte Welpe versucht, zwischen Ihren Beinen Schutz zu suchen.

Szenario B:

Die beiden Hunde setzen ihren Weg mit hohem Tempo fort und legen erst einen halben Meter vor Ihnen eine Vollbremsung hin. Da sie dabei ihre Vorderbeine richtig in den Boden rammen müssen, wird Sand durch die Luft gewirbelt. Sobald der Staub verflogen ist, wirkt die Situation wie ein Duell: Auf der einen Seite die beiden ausgewachsenen Hunde, die kerzengerade mit durchgestreckten Beinen und erhobener Rute in Imponierhaltung vor Ihnen stehen. Und auf der anderen Seite Ihr Welpe, der seitlich hinter Sie gegangen ist und nun Schutz bei Ihnen sucht.

Szenario C:

Mit Endgeschwindigkeit preschen die zwei Hunde immer weiter auf Sie zu und laufen Ihren Hund einfach um. Ihr Welpe rollt wie eine Billardkugel über den Weg.

Intuitiv würden Sie, bevor eine der drei Möglichkeiten eintrifft, Ihren Welpen schützen wollen, indem Sie ihn auf den Arm nehmen und die beiden anderen Hunde von ihm fernhalten. Nun würde mit hoher Wahrscheinlichkeit währenddessen der Besitzer der anderen Hunde langsam aus dem Wald schreitend folgendes rufen: „Sie haben ja keine Ahnung von Hunden. Sie verhätscheln Ihren Welpen. Meine wollen nur spielen!“.

Zwei Hunde, die auf einen wesentlich kleineren und jüngeren Hund ungebremst und frontal zurasen, möchten keinen freundlichen Besuch abstatten. Dies ist keine höfliche Geste und der Welpe ist sich dessen bewusst.

Vergleichbar ist eine solche Situation mit einem zweijährigen Kind, das gerade im Sandkasten sitzt und gedankenverloren seinen Joghurtbecher auslöffelt, während seine Mutter drei Meter entfernt in der Sonne auf der Bank sitzt. Aus zwanzig Metern Entfernung rennen plötzlich zwei fünfjährige Kinder in vollem Tempo und lautem Gejohle ungebremst auf den Zweijährigen zu. Sie schubsen ihn und er fällt kopfüber in den Sandkasten. Die Mutter des Kleinkindes würde dies wohl kaum als Spielaufforderung abtun und ihren Sohn noch ermutigen, mit den beiden Älteren zu spielen. Ein gutes Beispiel dafür, wie unterschiedlich wir menschliche und tierische Situationen bewerten.

Lassen Sie sich daher bei der Erziehung Ihres Welpen nicht verunsichern: Er muss nicht von Artgenossen übergebügelt werden!

Seinen Hund verstehen zu lernen und zu beschützen ist unsere Pflicht als Hundehalter. Wir haben eine Fürsorgepflicht gegenüber unserem Vierbeiner und sind verantwortlich für sein Wohlergehen.

Hunde, die mit uns heute in der Gesellschaft leben, sollen keine selbstständigen Hunde sein. Sie in die Selbstständigkeit zu entlassen würde bedeuten, dass sie eigenständig Entscheidungen treffen, die für die Umwelt und sie selbst gefährlich werden würden. Selbstständig zu jagen beispielsweise. Wenn wir unsere Hunde also nicht selbstständig handeln lassen wollen oder können, müssen wir ihnen einen verlässlichen Rahmen bieten, in dem sie sich sicher bewegen können, einen Rahmen, in dem wir verlässliche Entscheidungen treffen! In einer bedrohlichen Lage,

Kontakt auf Augenhöhe: Zwei gleichaltrige Welpen beim Kontakt auf einem Spaziergang.

wie die eben beschriebene, müssen Sie Ihren Hund beschützen. Dies hat keinesfalls etwas mit Verhätscheln zu tun.

Verhätscheln wäre in meinen Augen etwas, das dem Hund in seiner Entwicklung schadet. Zum Beispiel, ihm Erfahrungen mit Artgenossen komplett vorzuenthalten. Das Zauberwort lautet: kontrollierte Begegnungen. Ihr Vier-Kilo-Welpe wird von dem gut sozialisierten Rottweiler aus der Nachbarschaft beschnüffelt? Kein Problem! Wenn die Besitzer ihren Hund an der Leine führen, ihn einschätzen können und er gut sozialisiert ist, dann müssen Sie Ihren Hund nicht beschützen. Ihr Welpe muss und darf Erfahrungen mit Artgenossen machen. Die entscheidende Bedingung dafür sollte nur sein, dass er nicht von anderen Hunden erzogen oder körperlich dominiert wird.

Bei unserem Beispiel im Wald würde es vermutlich keine Beißerei geben. Und ähnlich wie dort wäre es auch bei unserem Sandkasten-Beispiel wahrscheinlich zu keinen Verletzungen gekommen. Und doch würde jede Mutter ihrem Kind eine solche Erfahrung ersparen wollen.

Unser Beispiel-Welpe hätte eine negative Lernerfahrung gesammelt und die sollte einfach vermieden werden. Wenn in einer Situation kein erkennbarer Vorteil für Ihren Welpen entsteht, muss er sie auch nicht über sich ergehen lassen.

Kontaktaufnahme von zwei Hunden sollte immer deeskalierend, also konfliktvermeidend erfolgen.

Kommen wir nun zu Top 1 der Sätze mit Konfliktpotenzial:

„Warum darf Ihr Hund denn nicht spielen?“

Wer schon einmal spielenden Hunden zugeschaut hat, weiß, wie schön das sein kann. Es ist regelrecht beglückend, seinen Hund ausgelassen mit einem Artgenossen zu sehen. Gerade Welpen lernen im Spiel mit Gleichaltrigen unglaublich viel. Die sozialen, aber auch die körperlichen Fähigkeiten werden ausgebildet und unterstützt. Wenn wir jetzt wissen, dass Spiel unter Hunden wunderschön sein kann und gerade für Welpen prägend ist, warum ist der Satz „Warum darf Ihr Hund denn nicht spielen?“ einer der konfliktreichsten?

Das größte Missverständnis bei diesem Thema liegt darin, wie oft ein Hund aus Sicht des Halters spielen und beim Anblick eines anderen Hundes sofort in Spiellaune geraten muss. Für ein Spiel müssen die Sympathie, die Gesundheit, die Umstände und die Tagesverfassung passen. Welpen sind aufgeweckte und in der Regel spielfreudige Wesen. Sie sind für viele Dinge zu begeistern und daher oft in Spiellaune. Trotzdem passen nicht alle als Spielpartner zusammen, vielleicht wegen des Größenunterschiedes, aufgrund unterschiedlicher Charaktere oder es ist einem aktuellen Entwicklungsschub geschuldet. Ein neun Wochen alter Welpe spielt anders als ein 13 Wochen alter Hund. Sie brauchen kein schlechtes Gewissen zu haben, wenn Sie Ihren kleinen Hund nicht mit jedem anderen Welpen spielen lassen möchten. Manchmal stimmt die Chemie zwischen zwei Hunden einfach nicht und das ist völlig in Ordnung.

Haben Sie schon einmal ein Spielangebot eines Hundebesitzers ausgeschlagen?

Dann kennen Sie sicher alle möglichen Reaktionen. Viele fühlen sich persönlich angegriffen, wenn man kein Spiel mit ihrem Vierbeiner erlauben möchte. Lassen Sie sich davon nicht unter Druck setzen! Nicht immer sind die Voraussetzungen für ein Spiel bei zufälligen Begegnungen unter Vierbeinern gegeben. Denn nicht jeder Kontakt unter Hunden ist automatisch ein Spiel. Und auch Hunde dürfen mal keine Lust zum Spielen haben. Aus diesen Gründen ist es für einen Welpen sehr wichtig, früh zu lernen, dass nicht jeder entgegenkommende Hund ein potenzieller neuer Freund und Spielgefährte ist.

Und wie erkenne ich jetzt Spielverhalten?

Wenn Sie sich unsicher sind, ob ein anderer Hund mit Ihrem Welpen spielen möchte, lassen Sie die Begegnung nicht zu. Ihr Welpe muss nicht jeden Hund beschnüffeln und muss im Gegenzug auch nicht von jedem anderen Hund beschnüffelt werden.

Sie möchten gerne, dass Ihr Hund Kontakt zu fremden Artgenossen haben kann, sind sich aber unsicher, ob Sie die Begegnung richtig einschätzen können? Einer der wichtigsten Aspekte bei Begegnungen zwischen

Große Mimik im Spiel: Golden-Retriever-Hündin Zoe (rechts) bei der Begegnung mit Labrador Alma.

Mensch-Hund-Teams ist, alle beteiligten Hunde im Blick zu haben. Nur weil wir den anderen Hund nett, süß oder gut finden, muss unser Hund nicht das Gleiche empfinden. Zeigen aber alle Hunde Spielbereitschaft, kann gespielt werden. Wenn nicht, nicht. Und genau hier entstehen häufig die Diskussionen, weil sich Halter gekränkt fühlen, wenn man das Spiel mit ihrem Hund ablehnt. Dabei eint uns Hundehalter doch die Liebe zu Hunden. Wir sollten die Bedürfnisse aller potenziellen Spielpartner wahrnehmen und vor allem akzeptieren – nicht nur die des eigenen Hundes. Eltern wählen ja auch nicht anhand eines Klassenfotos die Freunde ihrer Kinder aus und vereinbaren Spielverabredungen. Oder wir setzen uns auch nicht bei jedem Städteausflug mit vier willkürlich ausgewählten Personen an einen Tisch und plaudern. Da wären vielleicht sogar gewinnbringende Begegnungen durch gleiche Interessen oder einen ähnlichen Humor dabei. Aber genauso würden wir das Plaudern mit Menschen auch dankend ablehnen, wo es sich nicht so verhält. Bei unseren Hunden verhält es sich ähnlich: gleiches Alter, gleiche Größe und gleiche Spezies sind keine Garanten für Sympathie. Ebenso sollte Rücksicht auf schwächere, ältere oder verletzte Hunde genommen werden.

Wie erkenne ich vor dem eigentlichen Kontakt, ob das Gegenüber meinem Vierbeiner wohlgesonnen ist? Genau wie bei uns Menschen gibt es in der Kommunikation unter Hunden einen Sender und einen Empfänger. Wenn Sie die Unterhaltung von zwei Menschen beobachten, ohne das Gespräch verstehen zu können, weil etwa die Personen zu weit weg sind oder eine andere Sprache sprechen, können wir dennoch anhand von Gestik, Mimik und Reaktionen der Menschen einschätzen, ob es sich um ein Streitgespräch handelt oder nicht. Auch bei unseren Hunden müssen wir lernen, hinzusehen und zu erkennen, ob ein Hund gerade von einem anderen bedroht oder eingeladen wird. Nehmen wir wieder unser Beispiel mit Hund A und Hund B im Wald. Hund A hat durch stetiges Abwenden des Blicks gezeigt, dass er nicht an einem Konflikt interessiert ist. Wenn Hund A also bewusst den Blick abwendet, muss von Hund B schon eine drohende Geste gesendet worden sein.

Ein vertrautes Miteinander von Hunden verfolgt kein Ziel, wie etwa die ernsthafte Verteidigung von Territorium oder Verwaltung von Ressourcen. Welpen und Junghunde können beim Spiel mit Artgenossen ihre Fähigkeiten wie Schnelligkeit und Jagen ausbauen.

Ein sicheres Indiz zum Unterscheiden von Streit und Spiel ist ein wechselseitiges Verhalten. Beim Spielen agiert mal der eine, dann wieder der andere. Die Bewegungen der Hunde sind weich, kein Körperteil ist richtig angespannt. Und mein persönliches Lieblingskriterium ist das Spielgesicht. Wenn Sie es das erste Mal bei Ihrem Welpen sehen, werden Sie wissen, was ich meine. Der Vierbeiner zeigt durch ein übertrieben weit aufgerissenes Maul seine Zähne und scheint dabei zu grinsen.

Eine seriöse Hundeschule wird die Welpenhalter früh für die komplexe Körpersprache der Hunde sensibilisieren. Und wenn Sie das nächste Mal in eine Diskussion geraten, warum Ihr Welpe jetzt gerade nicht zu einem anderen Hund darf, denken Sie immer an dieses Kapitel. Es ist Ihr Mutmach-Kapitel für potenzielle Diskussionen mit anderen Hundebesitzern.

4.

Ihr Welpe ist ganz sicher nicht verrückt!

Als Hundetrainerin höre ich oft von meinen Kunden: „Ich brauche jemanden, der mir meinen Hund erklärt.“ Ganz oft bekomme ich auch Videos von knurrenden Welpen an der Leine oder wild umherspringenden Vierbeinern vor dem Sofa oder wild brummenden Welpen im Garten zugeschickt, immer mit der Frage: „Warum macht der das?“ Wenn man versteht, wie der Welpe tickt, ist vieles einfacher zu meistern. Und es ist auch beruhigend, wenn man weiß, wie man auf den wild gewordenen Welpen souverän reagieren kann.

Apropos wilder Welpe: wir werden uns gemeinsam gleich alltagsnahe Beispiele anschauen. Und es wird für Sie, liebe Welpenbesitzer, auch ganz viele Mutmach-Geschichten geben. Denn seien Sie gewiss – auch wenn Ihr Welpe gerade knurrend um das Sofa jagt, er ist ganz sicher nicht verrückt.

Und zack, steht man im Wald und streitet sich!

Bevor wir uns typische Situationen in einem Welpen-Haushalt anschauen und dort zum Übersetzer werden, dürfen wir ein Thema nicht vergessen: Das Übersetzen von Mensch zu Mensch oder besser gesagt von Hundemensch zu Hundemensch. Manchmal müssen da Barrieren aus dem Weg geräumt werden. Und das, obwohl wir ja die gleiche Sprache sprechen. „Warum machen die das?“ fragen sich viele Hundehalter bei zufälligen Begegnungen mit anderen Mensch-Hund-Teams.

So auch unsere Welpenbesitzer Ina und Bernd aus dem Fallbeispiel Filou und Rocky, die von Nachbar Heinz und seinem Verhalten überrumpelt wurden. Und damit sind sie nicht allein.

Kennen Sie das Phänomen der 80 Millionen Bundestrainer? Wenn Deutschland an einem internationalen Fußballturnier teilnimmt, kommentiert nahezu jeder Bundesbürger die Aufstellung des Cheftrainers. Ungefähr so ist es auch bei der Aufzucht eines Welpen. Jeder kennt jemanden, der jemanden kennt. Alle haben eine Meinung zum Thema Welpen – nur leider nie die gleiche.

Viele Neu-Welpenbesitzer fühlen sich von den ungebetenen Ratschlägen überfordert. Von außen kommen ungefragt Kommentare und einen selbst beschleicht dann ziemlich schnell das Gefühl, auf diesem Gebiet völlig ahnungslos zu sein.

Auch Ina und Bernd hatten sich akribisch auf den Einzug des kleinen Filou vorbereitet. Aber Nachbar Heinz hat es in wenigen Sekunden geschafft, dass sie sich überfordert und hilflos gefühlt haben. Obwohl hier die Liebe zu Hunden zwei Familien eigentlich verbindet, liegen zwischen den Ansichten der Menschen Welten. Das ist ein Phänomen, das sich quer durch ganz Hundedeutschland zieht. Früher gab es Diskussionen zwischen Nicht-Hundebesitzern und Hundebesitzern. Ein bekannter Zündstoff waren Themen wie etwa vollgepupste Gehwege. Mein Eindruck ist, dass sich das inzwischen geändert hat. Denn wer welche Hinterlassenschaften wegräumen muss, scheint dank zahlreicher Kotbeutelspender in der Republik kaum mehr ein Thema zu sein. Die Berührungspunkte zwischen den Lagern scheinen geklärt und somit ist der Nährboden für Streitereien reduziert.

Was aber deutlich zugenommen hat, sind Diskussionen unter Hundebesitzern. Meine Kunden berichten mir oft von Diskussionen mit anderen Haltern. Wildfremde Menschen belehren dann ungefragt die Neu-Welpenbesitzer und schimpfen auf alles. Warum denn der Welpe angeleint sei, warum er dann ein Geschirr tragen würde, wie man bloß nur Trockenfutter geben könne. Die Liste könnte man munter fortführen.

Sachlich betrachtet stehen sich ja eigentlich zwei Menschen gegenüber, die doch das gleiche möchten: Einen glücklichen Hund und gemeinsam eine gute Zeit verbringen. Warum findet man dann nicht immer einen gemeinsamen Nenner? Warum muss man so oft diskutieren, um die Bedürfnisse seines eigenen Hundes zu gewährleisten? Kunden berichten mir, es komme ihnen vor, als ob sie Chinesisch sprechen würden. Und in

Nicht jeder Welpe möchte immer gestreichelt werden: Manchmal kommt es deshalb mit Passanten zu Diskussionen.

Wirklichkeit ist es ja auch so. Die Sprache der Hunde ist eine völlig eigene Kommunikationsform. Und wenn bei einem Aufeinandertreffen nur ein Mensch die Sprache der Hunde bereits erlernt hat und der andere sie nur interpretiert, sind Missverständnisse vorprogrammiert!

Da wird der eine Hund von einem anderen Vierbeiner rüde umgerannt und kaum greift der eine Hundebesitzer ein, fühlt sich der andere Mensch persönlich angegriffen. Und zack, steht man mitten im Wald und diskutiert mit einem wildfremden Menschen.

Das Verständnis, was der Hund mit seinem Verhalten eigentlich ausdrücken möchte, spielt eine große Rolle für ein harmonisches Mensch-Hund-Gespann. Wenn ein Vierbeiner einen Artgenossen oder Menschen umrennt, ist das ein respektloses Verhalten. In den Situationen, in denen sich Hundehalter untereinander beschimpfen, geht es unterm Strich entweder darum, dass eine der Parteien die Hundesprache falsch interpretiert, oder aber das unfreundliche Verhalten des eigenen Hundes (oder eigene Versäumnisse wie rechtzeitiges Anleinen, Erziehung des Hundes) ungern zugegeben werden. Dann fällt gerne der berühmte Satz „Das regeln die schon unter sich!", den wir ja schon als Mythos entlarvt haben.

Setzen Sie die Hundebrille auf

Vor dem Einzug Ihres Welpen haben Sie sich sicherlich gut vorbereitet, einige Ratgeber gelesen und Familien und Freunde um Rat gefragt. Zu der Grunderziehung gibt es ausreichend gute Literatur. Doch kaum hat sich der junge Hund eingelebt, steht man als Neu-Welpen-Besitzer jetzt plötzlich vor ganz neuen Herausforderungen. Trotz gewissenhafter Vorbereitung treten irgendwann Fragen auf, auf die Sie keine Antwort haben.

In diesem Kapitel schauen wir uns gemeinsam typische Situationen in einem Welpen-Haushalt an und ich möchte Ihnen Antworten auf die klassische und titelgebende Frage „Warum macht der das?" geben.

Warum dreht der Zwerg ausgerechnet immer abends so richtig auf, wenn Sie sich gerade entspannen wollen? Warum legt er sich wie ein störrischer Esel in die Einfahrt und weigert sich, weiterzugehen? Lassen Sie uns auch gemeinsam anschauen, warum es nicht nur niedlich ist, wenn der 16-Kilo-Junghund seinen Kopf auf die Füße seiner Besitzer legt. Auch dass das permanente Hinterherlaufen in der Wohnung kein Liebesbeweis ist, sehen wir uns noch genauer an.

Wir haben uns bereits gemeinsam die Top 3 der Mythen bei Hundebegegnungen angeschaut, den Mythos Welpenschutz aus dem Weg geräumt und etwas über „Muss mein Hund spielen?" gelernt. Bevor wir gleich die Praxisbeispiele angehen und die Frage „Warum macht er das?" beantworten können, schauen wir uns einige typische Missverständnisse zwischen Welpe und Mensch an. Ich bin mir sicher, Sie werden sich in einigen Situationen wiedererkennen.

5.

Typische Missverständnisse zwischen Mensch und Welpe

Auch der süßeste Hund wird mal erwachsen: Golden Retriever Hündin Zoe benötigt im Alltag Struktur.

Wer leitet eigentlich ein Hunderudel? Früher glaubten Menschen, dass man einen Hund unterwerfen müsse und sich Hunde nur mit einer harten Hand erziehen ließen. Das bedeutete Gewalt und Druck für den Vierbeiner. Heute ist man Gott sei Dank schlauer und das Unterdrücken und Dominieren des Hundes ist nicht mehr das Mittel der Wahl. Es gibt leider noch Menschen, die so mit Hunden arbeiten. Aber diese Trainingsmethoden befinden sich glücklicherweise deutlich auf dem Abwärtstrend.

Inzwischen ist wissenschaftlich belegt, dass Hunde anders lernen. Sie benötigen Klarheit und eine für sie erkennbare Struktur. Sie schließen sich dem Menschen im Rudel an, der in ihren Augen schlüssig und verlässlich handelt. Und eben nicht dem lautesten, strengsten oder einem furchteinflößenden Menschen.

In meinen Kursen und Einzeleinheiten spielt gerade in der Welpenzeit das theoretische Wissen und damit das Verständnis für den Hund eine große Rolle. Ich bin eine große Freundin davon, gleich mit dem Einzug eines Welpen möglichst viele Regeln aufzustellen und ihm so eine feste Struktur zu geben. Dieser Rahmen gibt ihm Orientierung und ist ein gesundes Fundament auf dem Weg zu einer harmonischen Mensch-Hund-Beziehung. Nach und nach können diese Regeln gelockert und manche auch über Bord geworfen werden, sobald es sich zwischen Mensch und Welpe eingespielt hat.

Aufgrund meiner Erfahrung als Trainerin weiß ich, dass viele Missverständnisse, die später zu Problemen führen, ihren Ursprung im Welpenalter haben. Hunde benötigen bereits als Welpen klare Strukturen und einen Rahmen, in dem sie sich sicher bewegen können. Regeln vermitteln Sicherheit. Ein „vielleicht" oder „ja" heute und morgen wieder ein „nein" verunsichert einen Welpen sehr. Wenn er sich von Anfang an innerhalb eines festen Rahmens bewegen kann, ist das für ihn viel stressfreier, als wenn er sich erst ausprobieren darf und in der Pubertät dann sein Verhalten plötzlich ändern soll und auf einmal mit einem für ihn ungewohnten Regelkorsett konfrontiert wird.

Wenn es darum geht, die Grundbedürfnisse des kleinen Hundes wie Schlafen, Essen, sich lösen oder kuscheln zu stillen, haben viele Welpenbesitzer ein gutes Bauchgefühl und handeln intuitiv richtig. Auch dass ein Welpe Regeln benötigt, ist jedem Hundebesitzer grundsätzlich bewusst. „Ich weiß, dass wir konsequent sein müssen!" ist ein oft gehörter Satz von mir auf Hausbesuchen.

Regeln von Anfang an: Auch wenn Susanne ihr Mittagessen nicht mit Cleo teilt – oder sogar gerade deswegen – wird ihre Hündin sie trotzdem als Leitfigur akzeptieren.

Nur – wie soll das gehen? Wie viele Regeln müssen Hundehalter aufstellen? Es ist zudem eine echte Herausforderung, klar und konsequent zu handeln, wenn das tapsige Fellknäuel einen mit seinen Knopfaugen vom ersten Augenblick an verzaubert.

Fragen Sie sich jetzt, wie Sie zur angesehenen und angebeteten Leitfigur Ihres Welpen werden können? Jeder Mensch, der gerade einem Hundebaby ein neues Zuhause gegeben hat, hat Herzchen in den Augen. Das ist völlig normal und auch gut so. Die erste Zeit mit einem Welpen hat tatsächlich viele Parallelen zu der Anfangszeit mit einem Säugling. Der Welpe ist vollkommen abhängig vom Menschen. Wir haben die Fürsorgepflicht für dieses Lebewesen.

Das Gemeine und gleichzeitig ein fundamentaler Unterschied zum Großziehen eines Kindes ist, dass die Entwicklung eines Welpen vergleichsweise sehr schnell geht. In Riesenschritten und wenigen Monaten mutiert er vom Hundebaby zum „Pubertier" – von einem Säugling bis zum pubertierenden Teenager vergehen hingegen Jahre. Diese Tatsache sollte man sich immer verdeutlichen. So niedlich kleine tapsige Welpen sind, so schnell vergehen die Wochen, in denen sie uns ganz genau beobachten, denn darin sind sie Meister. Gerade in den ersten Wochen schauen die kleinen Vierbeiner, was erlaubt ist und welche Grenzen ihrem Handeln gesetzt werden.

Lassen Sie uns gemeinsam versuchen, Welpenverhalten besser verstehen zu lernen. Dazu habe ich Ihnen meine Top 4 Missverständnisse zwischen Welpe und Mensch ausgewählt.

Top 1:

Bindung entsteht durch Freilauf

Die Leine wird von vielen Menschen häufig als negativ assoziiert. Oftmals wird es als

Lebensfreude pur: Zoe genießt den Freilauf.

Versagen empfunden, seinen Hund nicht frei laufen lassen zu können, oder noch schlimmer, Menschen werden als Tierquäler beschimpft, weil sie ihren Hund an der Leine führen. Mit dem Thema, wie wichtig Freilauf für den Welpen ist, werden wir uns später noch näher beschäftigen.

Jetzt schauen wir kurz auf das Missverständnis Folgetrieb. Der Mythos, ein Welpe müsse also außerhalb des Hauses aufgrund seines Folgetriebes unbedingt ohne Leine laufen, hält sich sehr hartnäckig.

Situation:

Die meisten Welpen ziehen ab der achten Woche in ihr neues Zuhause. Teilweise gewöhnen die Züchter die Vierbeiner bereits an Halsband und Leine. Die meiste Zeit aber erleben die Welpen frei. Sie leben im Haus oder einer Wohnung und dürfen oftmals einen Teil des Gartens nutzen. Viele Welpenbesitzer erhalten von Bekannten oder anderen Hundehaltern den Ratschlag, den Hund auf Spaziergängen abzuleinen, sonst entstünde keine Bindung.

Hund „denkt":

Meine neue Familie ist echt nett. Aber ein paar Mal am Tag tragen die mich vor die Haustür und wollen mich die Straße entlang locken. Ich finde das sehr unheimlich. Ich höre da die Autos brummen. Im Garten von meiner Züchterin haben wir auch Autos gehört, aber die waren sehr weit weg. Ich setze mich dann oft hin, damit meine Menschen umkehren. Ich weiß ja gar nicht, wo die hinwollen. Warum sollen wir denn unsere Höhle verlassen? Hier ist noch alles fremd für mich. Ich habe Angst draußen, deshalb renne ich schnell hinter meinen Menschen her.

Mensch denkt:

Mein Nachbar hat auch einen Hund, und der sagt, ich müsse den Hund von Anfang an ableinen. Eine Leine ist unnatürlich und führt dazu, dass der Hund sich nicht an mir orientiert. Aber es fühlt sich schon falsch an, diesen kleinen Hund einfach ohne Leine auf dem Spaziergang zu haben. Auch auf unserem ruhigen Feldweg gibt es ja Ablenkung. Ob er wohl einem Reh hinterherläuft? Was mache ich, wenn er zu einem Artgenossen läuft oder ein Auto kommt?

Tipp:

Wir schauen uns das Thema Freilauf später im Buch im Kapitel Lexikon unter F wie Freilauf noch genauer an und wann ein guter Zeitpunkt für Freilauf ist.

Generell ist die Leine ein unnatürlicher Zustand für den Hund. Jeder Welpe muss sich erst an das Tragen von Halsband oder Brustgeschirr und Leine gewöhnen. Aber es ist wie mit einer Brille, irgendwann merkt man nicht mehr, dass man eine trägt. So ist es auch mit dem Halsband bei Hunden – es ist alles eine Gewöhnung. Richtig ist: den Folgetrieb bei Hunden gibt es grundsätzlich. Das Gemeine daran ist nur: Er verschwindet irgendwann. Leider sagen die Welpen einem nicht Bescheid, wann sie den Folgetrieb ablegen. Am Anfang ist der Radius eines Welpen klein, sie fühlen sich unsicher und entfernen sich nicht freiwillig von der Höhle oder ihrer Familie. Aber mit dem Selbstbewusstsein kommt auch der Radius. Das Problem: Mit dem Selbstbewusstsein geht die Zuverlässigkeit des Abrufs auch zurück. Ich bin ein großer Fan von Schleppleinen. Ich sehe Leinen wie gesagt nicht als Strafe, sondern als Verbindung zu unserem Hund – wie eine Art Nabelschnur. Wir können mit Hilfe eines Brustgeschirrs und Schleppleine einem Welpen schon früh einen Radius von fünf Metern geben. Er kann die Welt entdecken und doch haben wir Einfluss auf unseren Schützling. Der Welpe ist von uns abhängig, wir sind für seine Sicherheit zuständig. Da ist die Verbindung durch eine Leine Gold wert. Ein Welpe ist sehr reizempfänglich und kann Gefahren noch nicht einordnen. Ein Freilauf wäre im Welpenalter ein Glücksspiel.

Auf der einen Seite ist die Lernkurve bei Hundebabys sehr steil. Das heißt, sie verknüpfen Dinge sehr schnell. Aber bis ein Signal richtig verknüpft ist und auch unter großer Ablenkung funktioniert, benötigt es schlicht Zeit. Aus meiner Erfahrung gibt es keinen zuverlässigen Rückruf bei einem Welpen. Die Ablenkungen müssen erst langsam gesteigert werden.

Die Gefahr bei einem Freilauf sind die nicht einkalkulierbaren Reize von außen. Kommt der Welpe im Haus bereits zuverlässig auf das Wort „hier“ zu seinem Menschen gelaufen, wird er dieses Verhalten draußen auf einem Spaziergang unter großer Ablenkung aller Wahrscheinlichkeit nicht zeigen. Der Rückruf hätte so höchstwahrscheinlich keinen Erfolg (da er aufgrund des Alters des Hundes unter hoher Ablenkung noch nicht ausreichend geübt werden konnte). Der Junghund würde in dieser Situation die Lernerfahrung machen, dass wir im Freilauf keinen Einfluss auf ihn haben.

Bei Ausflügen, in denen Ihr Welpe hohen Reizen wie spannenden Gerüchen oder fremden Menschen ausgesetzt ist, halte ich den Einsatz einer fünf Meter langen Schleppleine für sehr sinnvoll. So ist gewährleistet, dass Sie jederzeit Zugriff auf den Bewegungsradius Ihres Hundes haben. Aber natürlich ist die Schleppleine kein Ersatz für das Rückruf-Training. Es ist nur eine Sicherheit, damit Sie den Hund nicht durch das Rufen unter großer Ablenkung überfordern und so die aufgebaute Vokabel kaputtmachen. Zusammengefasst bedeutet dies, dass Welpen im Freilauf mit einem Rückruf schnell überfordert sein können (zu hohe Ablenkung). Leinen Sie Ihren Junghund in einer ablenkungsreichen Umgebung nur dann ab, wenn Sie zu 99 Prozent sicher sind, dass er auf einen Rückruf kommt.

Seien Sie sich sicher – die Zeit des Freilaufs wird kommen und dann können Sie die unbeschwerte Zeit zusammen genießen. Doch es ist ähnlich wie bei einer Fahrschule. Bevor der Fahrlehrer seinen Schützling auf die Autobahn fahren lässt, liegen einige Stunden in der Tempo 30 Zone vor den beiden. Ich nehme Sie später im Lexikon noch einmal mit ins Thema Freilauf.

Top 2:

Er sagt schon Bescheid, wenn er raus muss!

Wenn die Welpen in ihr neues Zuhause kommen, können sie noch nicht stubenrein sein, denn ihr Schließmuskel ist noch nicht voll entwickelt. Das bedeutet, wenn die Information „ich muss mal“ von der Blase kommt, dann beginnt sich der Hund auch schon zu lösen. Einige Welpen lernen schon beim Züchter den Garten als Lösestelle kennen. Dann haben sie gelernt, sich draußen zu lösen, aber stubenrein an sich sind sie nicht. Wenn man sich darüber im Klaren ist, dass der Schließmuskel noch nicht kontrollierbar ist, kann man keine böse Absicht hinter einem Malheur vermuten.

Muss er sich lösen oder möchte er spielen? Der sehnsüchtige Blick eines Hundes in den Garten muss nicht immer ein Lösebedürfnis anzeigen.

Situation:

Der junge Hund geht zur Terrassentür und bellt. Zwischen den kurzen Bellpausen blickt der Welpe zu seinem Menschen herüber. Dieser steht auf und öffnet die Terrassentür. Der Welpe läuft aufgeregt in den Garten und schnüffelt umher. Nach ein paar Minuten löst er sich auf der Rasenfläche.

Hund „denkt“:

Der Garten meiner neuen Familie ist echt spannend. So viele Blätter liegen darum. Die springen so lustig im Wind, da möchte ich gerne hin. Und vorhin war meine Menschenmama im Beet, da werde ich gleich mal gucken, was sie da gemacht hat. Ich sage mal meiner Familie, dass sie die Tür aufmachen sollen.

Mensch denkt:

Oh wie schön, mein Hund kündigt durch Lautgeben an, dass er sich lösen muss. Es war immer mein Wunsch, dass mein Hund anzeigt, wenn er hinausmuss. Ich hätte nicht gedacht, dass das mit der Stubenreinheit so schnell geht.

Tipp:

Kein erwachsener Hund kündigt durch Bellen oder Jaulen an, dass er sich mal lösen muss, ausgenommen, ein Magen-Darm-Infekt zwingt ihn dazu. In der Regel erledigt ein erwachsener Vierbeiner seine Geschäfte auf den Spaziergängen oder wenn er mit seinen Menschen zusammen im Garten ist. Streng genommen gibt es bei einem ausgewachsenen, gesunden Hund keinen Grund dafür, dass er sein Löse-Bedürfnis durch Bellen anzeigt. Er erledigt all seine Bedürfnisse bei seinen regelmäßigen Aufenthalten draußen. Das bedeutet, das „Ansagen“ des Bedürfnisses sollte kein erklärtes Erziehungsziel des Hundebesitzers sein.

In diesem Beispiel sehen wir nicht nur sehr schön, wie klassische Missverständnisse entstehen, sondern auch, wie ein Hund durch Lernerfolge sein Verhalten wiederholen wird. Der Hund lernt in diesem Fall: Wenn ich belle, wird mir immer die Tür nach draußen geöffnet. Natürlich ist es völlig ok, dem Hund auf Verlangen die Tür zu öffnen. Aber es sollte auf dem Weg zur Stubenreinheit kein erklärtes Ziel sein, dass der Hund bellend an der Terrassentür steht. Gehen Sie mit Ihrem Welpen regelmäßig nach draußen und bieten Sie ihm so ausreichend Gelegenheit, sich im Freien zu lösen. So können Sie ausschließen, dass Sie ihm unbewusst beibringen, sein Bellen an der Tür führe immer zum Erfolg. Wenn das Bellen immer zum Öffnen der Tür führen würde, wäre der Lernerfolg für den Hund folgender: Ich muss meinen Wunsch nur lange genug lautstark bekräftigen, dann erreiche ich mein Ziel. Das kann in anderen Lebensbereichen sehr ungünstig sein. Ein Hund sollte Frustrationstoleranz früh lernen. Diese „ich mache die Tür immer auf, wenn mein Hund bellt“-Situation kann sich sonst in anderen Bereichen rächen.

Top 3:

Die Familie sitzt am Esstisch, der Welpe legt seinen Kopf auf die Füße eines Menschen

Hund „denkt“:

Mein Menschenrudel setzt sich zwei Mal am Tag an diesen Tisch. Das ist vielleicht ein Gewusel, bis alle endlich stillsitzen! Mal holt der eine einen Joghurt aus dem Kühlschrank, dann fehlt dem anderen eine Gabel. Ständig stehen die wieder auf. Ich hatte dann eine Idee: Ich habe mich einfach auf die Füße gelegt, damit das Gewusel weniger wird. Und es klappt tatsächlich: Dieser Mensch steht dann weniger oft auf.

Mensch denkt:

Mein Hund ist sehr kuschelig. Wenn wir uns entspannt hinsetzen, wärmt er mir meine Füße.

Tipp:

Es gibt unter Hunden ein sogenanntes Kontaktliegen – ein Zeichen von Vertrautheit, das ein Sicherheitsgefühl vermittelt. Hunde, die sich gut kennen und einander vertrauen, legen sich eng aneinander. Das machen die Hunde auch bei Menschen, denen sie vertrauen. Aber haben Sie schon einmal Hunde gesehen, die aufeinander liegen? Eben. Das gehört nicht zum Repertoire der Hundesprache. Mit dem Berühren von Körperteilen üben unsere Vierbeiner eine Bewegungseinschränkung aus. Es ist ein kontrollierendes Verhalten. Wenn der eine Vierbeiner beim anderen zum Beispiel den Kopf auf Nacken oder Rücken legt, ist das eine bewegungseinschränkende Geste und keine Liebesbekundung. Genauso wenden Hunde es auch bei uns an. Wenn der Welpe seinen Körper auf die Füße seines Menschen legt, ist es ein kontrollierendes Verhalten. Auf der einen Seite möchte der Hund so sicherstellen, dass er auf jeden Fall mitbekommt, sobald sich dieser Mensch bewegt. Und auf der anderen Seite beschränkt er diese Person in der Bewegungsfreiheit.

Jetzt muss man nicht gleich die Hundepolizei rufen, wenn sich der Hund auf den Fuß eines Menschen legt. Es ist nur wichtig zu wissen, was es bedeutet. Wenn der Hund sich Freitag auf den Fuß seines Menschen legt, muss das nicht ab Montag zwangsläufig zum Problem führen. Doch können mittelfristig unnötige Hindernisse dadurch auftreten. Wenn zum Beispiel ein Hund schlecht oder überhaupt nicht allein bleiben kann, steckt entweder Verlustangst oder Kontrollverlust dahinter. Einem Kontrollverlust gehen immer unbemerkte Verhaltensweisen voraus – zum Beispiel das Liegen auf den Füßen von Menschen. Lässt man es zu, kann man unter Umständen unbewusst die Weichen für einen Kontrollwahn beim Hund legen.

Kontrollierendes Verhalten zeigt sich unter anderem auch durch das Folgen des Menschen innerhalb des Hauses oder der Wohnung. Wenn der Vierbeiner seinen Menschen nicht mehr aus den Augen lässt, sich vor die Badezimmertür legt oder bei jedem Gang in den Keller mit von der Partie ist. Sie merken schon, dass in der Hundeerziehung viele Dinge ähnlich wie in einem Zahnrad ineinanderfließen. Das ist aber auch gut so. So kann man bei einem unerwünschten Verhalten direkt auf Ursachen-Suche gehen. Zum Glück ist man inzwischen so weit, dass man nicht einfach nur das Symptom auszuschalten versucht, sondern nach den Ursachen forscht. Dazu gehört auf der anderen Seite auch, dass man bestimmte Dinge nicht zulässt, damit sich keine unerwünschten Verhaltensweisen einstellen.

Top 4:

„Mein Hund liegt immer neben der Haustür. Der Boden im Wohnzimmer ist ihm zu warm."

Ein Dauerbrenner unter den Missverständnissen ist die Wahl der Liegestellen. Als Mensch denkt man: „Warum soll sich mein Hund denn nicht aussuchen können, wo er liegen möchte? Mir schreibt ja auch niemand vor, ob ich mich auf den blauen oder gelben Stuhl setzen soll." Viele Hundehalter setzten die Bewegungseinschränkung gedanklich mit einer Strafe gleich.

Situation:

Der Welpe sucht sich seine Schlafstelle selbst aus. Mal döst er im Flur unmittelbar neben der Haustür, mal vor den bodentiefen Fenstern, die zur Straße hinaus gehen.

Lassen Sie uns gemeinsam das Verhalten übersetzen. Beginnen wir mit dem Platz vor den bodentiefen Fenstern:

Hund „denkt":

Wenn ich mich vor die Fenster lege, bekomme ich auf jeden Fall mit, ob und wer auf dem Fußweg vor unserem Haus spazieren geht.

Mensch denkt:

Aus dem Fenster schauen ist für meinen Hund so unterhaltsam wie für uns ein spannender Film im Fernsehen.

Tipp:

Nicht jeder Hund ist territorial motiviert und wird jeden Passanten auf dem Gehweg vor dem Haus lautstark kommentieren. ABER man kennt den Charakter und die damit verbundenen Motivationen eines Hundes im Welpenalter noch nicht. Deshalb ist es sehr sinnvoll, erst einmal den Hund von möglichen Aufgaben wie in diesem Fall „Ich bin der Pförtner unserer Straße und soll unser Haus bewachen" zu entbinden. Wenn der Hund später keinerlei territoriales Verhalten zeigt, kann man ihm durchaus eine Decke vor das zur Straße zeigende Fenster legen.

Wie schaut es mit dem Platz neben der Haustür aus?

Hund „denkt":

Unglaublich, wie nett meine Menschen sind. Die haben mir extra eine flauschige Matte direkt an den Höhleneingang gelegt. Das ist wirklich praktisch. Hier verpasse ich garantiert nicht, wenn jemand meine Höhle verlässt. Ich bin hier so eine Art Wachposten. Die Menschen trauen sich nicht als erstes an die Tür. Ich schon, weil ich ein sehr mutiger Hund bin.

Mensch denkt:

Meinem Hund ist es im Wohnzimmer zu warm. Wir haben Fußbodenheizung. Er liegt ganz oft auf der Fußmatte direkt an der Haustür, dort ist es am kühlsten.

Tipp:

Die meisten Welpen zeigen sich anfangs vom Türklingeln relativ unbeeindruckt, weil sie noch keinen Zusammenhang zwischen Klingel und Hereinkommen des Besuchs erkannt haben. Sobald der Welpe jedoch das Klingeln mit Gewusel an der Haustür verknüpft hat, wird der Platz rund um die

Haustür interessant. Wenn ein Welpe sich unmittelbar vor die Haustür legt, bedeutet das nicht zwangsläufig, dass er als erwachsener Hund jedem Besuch ins Bein zwickt. Aber erinnern Sie sich noch an die Hundebrille vom Anfang dieses Buches? Setzen Sie sie ruhig auf.

Wenn der Welpe den Platz unmittelbar neben der Haustür zu seinem Lieblingsplatz erkoren hat, kann das die Folge von zu viel Aufmerksamkeit durch Besuch sein. Schließlich wollen Familie und Freunde den Familienzuwachs unbedingt kennenlernen und kommen in den ersten Tagen nach Einzug des Welpen vorbei. Der Besuch findet den Kleinen dann oft so süß, dass er ihn bereits im Hausflur ausgiebig streichelt. Diese Erfahrung speichert der Welpe dann ortsgebunden ab. Nach dem Motto „im Flur ist immer etwas los" und dann liegt Erwartung von Spiel, Spaß und Spannung durch ankommende Gäste in der Luft. Der Platz allein ist also nicht das Problem. Aber die meisten Hunde suchen sich aufgrund von abgespeicherten Erfahrungen diese Stelle ganz bewusst aus.

In diesem Falle hat der kleine Hund gelernt: Bei der Ankunft von Gästen wird es im Hausflur immer aufregend und spannend und er sucht sich die Schlafstelle dann meist nicht für die Entspannung, sondern das Abenteuer aus.

Wie könnte eine Lösung aussehen? Vermeiden Sie im Alltag (losgelöst von Besucher-Situationen) zum Beispiel durch Schließen der Flurtür, dass Ihr Welpe den Platz neben der Haustür als Stammplatz für sich in Anspruch nehmen kann. Das allein verhindert noch nicht, dass der Welpe beim Eintreffen von Besuch aufgeregt ist. Etablieren Sie deshalb ruhig von Anfang an Besuchsregeln. Den meisten Gästen, die einen kleinen Welpen noch putzig finden, ist später ein anspringender und bellender Hund extrem lästig. Eine erste Regel könnte deshalb lauten: Ihr Junghund darf Sie zwar nach dem Klingeln zur Türe begleiten, aber er erhält im Hausflur durch den Besuch keine Aufmerksamkeit. Ihr Besuch bekommt die „ignoriere-bitte-zunächst-meinen-Hund-und-belohne-ihn-erst-für-ruhiges-und-gutes-Verhalten"-Regel. Ein solches gewünschtes Verhalten könnte zum Beispiel ein „Sitz" sein. Eine sinnvolle Grundregel für Besucher könnte daher lauten: den Welpen erst streicheln, wenn er ruhig sitzt, und erst, wenn Sie als Besitzer es dem Gast sagen.

6.

WARUM MACHT ER DAS®

Auf diese Frage versuche ich immer individuelle Ursachenforschung zu betreiben. Die Aufgaben sind sehr beziehungsorientiert und deshalb immer wieder anders. Das Spannende für mich an meiner täglichen Arbeit ist, dass man keine Schablone über jeden Welpen legen kann. Der Trainingsweg ist jedes Mal ein anderer und hängt immer auch von den Lebensumständen der Familie ab. Daher betrifft das Training den Hund und den Menschen gleichermaßen.

In meinen Welpenkursen nehmen wir uns in jeder Stunde Zeit für Fragerunden, die wir mit, wie ich es nenne, Hunde-Yoga kombinieren: In der Zeit, in denen mir die Hundehalter Fragen stellen, lernen die Welpen das Nichtstun. Eine sehr wichtige Lernerfahrung!

Das Entspannen trotz der Anwesenheit anderer Hunde und Menschen müssen die Welpen früh lernen. Oft fällt es den Haltern genauso schwer wie den kleinen Hunden. Der Impuls, dem Spieldrang der Welpen sofort Folge zu leisten, ist sehr stark. Warum die Impulskontrolle für einen Welpen aber sehr wichtig ist, schauen wir uns weiter hinten im Lexikon noch mal genauer an.

Das Feedback auf die Fragerunden ist häufig: „Es hilft mir schon, wenn ich weiß, dass andere auch kleine Baustellen mit ihrem Welpen haben“ oder „Auch von den Fra-

„Hunde-Yoga“: Sunny lernt hier, dass man draußen im Garten auch mal abschalten und nichts tun kann.

Drollige fünf Minuten: Sobald die Familie auf dem Sofa sitzt, dreht Golden-Retriever Rosalie richtig hoch.

gen der anderen Teilnehmer kann ich viel lernen".

Es gibt viele Situationen, die fast alle Welpenbesitzer erleben. Eine sehr typische davon ist: In den ersten Tagen im neuen Zuhause verhalten sich viele Welpe sozusagen auf Autopilot – eher zurückhaltend und abwartend beobachten sie den Alltag in ihrer neuen Familie. Dann kommt scheinbar über Nacht die Verwandlung zum scheinbar mutigsten Hund der Welt. Neugierig und waghalsig erkunden die Welpen dann ihr Umfeld. Dabei kommt es zwischendurch zu Situationen, in denen man seinen Welpen anschaut und zu gerne verstehen möchte, warum er das tut, was er gerade tut.

Warum bellt er, sobald ich mich aufs Sofa setze? Warum rast er in einem Affenzahn quer durchs Wohnzimmer, sobald der Gong der Tagesschau im Fernseher ertönt? Warum nagt er die Fußleisten an, wenn ich dusche? Vielen dieser Fragen stellen sich Hundebesitzer häufig immer verbunden mit der leisen Befürchtung, vielleicht doch den einen Welpen aus dem Wurf bekommen zu haben, der irgendwie aus der Art geschlagen ist.

Woran kann es liegen, dass ein Welpe wie von der Tarantel gestochen um den Wohnzimmertisch rennt? Sind es die Hormone oder ist er vielleicht doch verrückt? Wir steigen jetzt gemeinsam in typische Wel-

Interessenkonflikt: Schnauzer-Hündin Sunny möchte das Spielzeug, Johannes möchte kuscheln.

pen-Situationen ein. Der Aufbau wird folgendermaßen sein:

Beschreibung der Situation: Was berichten mir die Kunden oder was sehe ich selbst beim Hausbesuch.

* **Einschätzung und Diagnose: Warum genau macht der Hund das, was er tut?**
* **Der Dolmetscher-Tipp: Mit aufgesetzter Hundebrille wird der Fall aus Sicht des Hundes erläutert.**
* **Tipp: Abschließend gibt es einen alltagstauglichen Trainingshinweis.**

Unser erstes Fallbeispiel ist eine typische Situation, wenn der Welpe in eine Familie mit kleineren Kindern zieht.

Fallbeispiel 1:

Welpe zwickt Kind beim Spielen in die Hände

Situation:

Die Familie Rose hat Zuwachs bekommen. Cocker-Spaniel Luke ist eingezogen. Die Kinder Anna (12), Isabel (10) und Nesthäkchen Jonathan (3) sind außer sich vor Freude. Jedes Kind hat seine eigenen Erwartungen an den Hund. Kuschelkamerad, Tröster, Sorgenzuhörer, Spielpartner – die Vorfreude auf Luke ist riesengroß!

Die ersten Tage verlaufen recht ruhig, berichtet mir Mutter Verena. Doch ungefähr vier Tage nach Lukes Einzug kippt die Stimmung. Wann immer sich der dreijährige Jonathan mit dem Welpen beschäftigt oder spielen will, zwickt Luke ihm in Hände und Füße.

Warum macht er das?

Schnappen und Beißen an sich ist ein typisches Verhalten von Welpen, das jedoch schnell unterbunden werden muss. Gerade an Kinderhänden tut das Beißen von einem Welpen schon richtig weh und kann zu Verletzungen führen.

Schaut man sich den Umgang von Welpen untereinander an, stellt man schnell fest, dass es da meist recht rau zur Sache geht. Da wird ins Ohr gezwickt, da wird versucht in die Beine zu beißen, wenn der andere scheinbar wilder ist als man selbst. Da geht es oft nicht zimperlich zu. Dieser Umgang unter gleichaltrigen Artgenossen trainiert die sogenannte Beißhemmung. Die Vierbeiner erlernen im Spiel, ihr Gebiss einzusetzen, ohne dem Spielpartner eine Verletzung zuzufügen. Wenn es gut läuft, haben die jun-

Das tut weh: Ellie setzt ihre spitzen Zähne ein.

gen Hunde solch ein Verhalten bereits beim ausgiebigen Spiel mit Geschwistern bei der Züchterin gezeigt und erlernt.

Wenn die Zähne des Welpen nun im Umgang mit dem Kind zum Einsatz kommen, sind die Eltern oft stark verunsichert.

Vorweg: Es ist keine Verhaltensstörung, wenn der Welpe versucht, seine Zähne einzusetzen. Aber es muss klar sein, dass dieses Verhalten gegenüber Menschen nicht toleriert werden darf. Der Welpe muss lernen, dass er mit seiner neuen Menschen-Familie anders spielen muss als mit seinen Geschwistern.

Dolmetscher-Analyse:

Dass Luke ausgerechnet den Kleinsten der Familie besonders mit seinen Zähnen zwickt, ist kein Zufall. Kinder und Hunde stehen in einem ganz besonderen Verhältnis zueinander. Welpen üben auf die meisten Kinder einen großen Reiz aus. Die Vierbeiner hingegen differenzieren bei Kindern sehr genau. Wer jünger ist als ein Teenager, ist in den Augen eines Hundes ein Kumpel und wird ähnlich angesehen wie die Freunde aus der Welpengruppe.

Jonathan, der jüngste Sohn der Familie, ist für Luke ein gleichaltriger Spielgenosse. Der Einsatz der Zähne hat in diesem Falle nichts mit Dominanz oder Ähnlichem zu tun. Es ist schlicht das Verhalten eines Welpen, der mit einem Gleichaltrigen spielt. Sie können es mit der Situation vergleichen, wenn Sie zuhause zur gleichen Zeit einen acht Wochen alten und einen zehn Wochen alten Welpen großziehen würden. Da wäre aber Stimmung in der Bude vorprogrammiert! Von morgens bis abends würden die Kleinen spielen, rangeln und sich auch mal richtig in die Flicken bekommen. Von allein würden sie kein Ende finden, sondern irgendwann vor Erschöpfung in den Schlaf fallen. Es braucht dann einen Menschen, der die Situation regelt, ähnlich wie ein Schiedsrichter. Und so ist es auch bei der Familie

Welpe Sunny sieht in Johannes einen Spielpartner.

Die Spieldecke ist für den Welpen tabu: Sunny lernt das Entspannen auf ihrem Hundeplatz, während die Kinder in der Nähe spielen.

Rose: Klein-Luke benötigt einen Menschen, der ihm sagt, dass er nicht so ruppig zu Jonathan sein darf. Andersherum benötigt der Sohn der Familie auch klare Grenzen, was einem Welpen gefällt und was nicht.

Trainingstipp:

Ganz wichtig ist, dass die Erwachsenen die Situation regeln und nicht die Kinder selbst. Hunde sehen Kinder (bis circa zum Beginn der Pubertät) als Kumpel an. Was sehr wertvoll sein kann – für beide Seiten – in schwierigen Situationen aber klar zeigt, dass das Kind und Hund keine gemeinsame Lösung finden können. Denn das wäre in etwa so, als ob eine Zwölfjährige zu ihrem ein Jahr jüngeren Bruder sagen würde: „Räum dein Zimmer auf." Der Bruder würde die Anweisung wohl kaum befolgen, da die Erziehungsaufgabe nicht anerkannt wird. Bitte blenden Sie dabei Ihre völlig verständlichen und legitimen menschlichen Gedanken wie „Mein Sohn soll aber Oberwasser haben" aus. Es steht für die Familie Rose außer Frage, dass Sie Ihrem Sohn mehr Privilegien geben möchte als Luke. Das löst die Situation aber nicht. Denken Sie hündisch. Ein dreijähriges Kind wäre maximal überfordert, die Sache mit dem Vierbeiner allein zu klären. Hier muss Mutter Verena Rose dem kleinen Welpen Luke sehr deutlich machen, dass das Zwicken nicht erwünscht ist. Und wie? Sobald der Hund das Verhalten zeigt, wird das

Spiel unterbrochen. Wenn ihrem Sohn wie beschrieben ins Hosenbein gezwickt wird, soll Verena ihn auf den Arm nehmen und das Spiel beenden. Der Lernerfolg für den Hund soll sein: Wenn du dich so verhältst, ist das tolle Spiel mit Jonathan vorbei.

Bericht aus dem Training der Familie: Wie läuft die Umsetzung?

In den ersten Tagen konnte Verena eine schnelle Besserung des Verhaltens von Luke sehen. Er versuchte seltener, bei Jonathan seine Zähne einzusetzen, und sobald Verena ihren Sohn auf den Arm genommen hat, war die Situation für Luke uninteressant.

Aktuelle Situation:

Verena ist etwas verzweifelt. Ihr Welpe zeigt sich jetzt auf einmal unbeeindruckt von dem Spielabbruch seines Frauchens. Wenn Verena wie oben beschrieben das Spiel beendet, indem sie ihren Sohn auf den Arm nimmt, dreht Luke jetzt richtig auf, springt wild knurrend an ihrem Bein hoch und versucht, in die Hose zu beißen.

Warum macht er das?

Luke akzeptiert nun das Auflösen der Situation nicht mehr. Manche Hunde hätten sich damit zufriedengegeben, Luke aber hinterfragt jetzt das Eingreifen. Deshalb empfehle ich hier zwei Dinge. Wir müssen zwischen ruhigem und dynamischem Spiel unterscheiden. Verena berichtet, dass Luke sich noch beeindruckt von ihr zeigt, wenn er müde ist. Sobald aber Action angesagt ist, schaltet er auf Durchzug. Wenn die Dynamik in einer Situation zu groß wird, etwa wenn Luke und Jonathan gemeinsam durch den Garten rennen, blendet der Welpe die Erziehungsversuche von Verena völlig aus. Und genau da setzt mein Trainingstipp Nummer Zwei an.

Trainingstipp:

Verena erzählt, dass es tagsüber auch ruhige Spielsequenzen zwischen Kindern und Hund gibt, in denen das Beißen erst zeitverzögert einsetzt. Etwa wenn die Kinder und Luke auf dem Boden sitzen. Zunächst genießt der Welpe die Streicheleinheiten, beginnt dann aber irgendwann wieder seine Zähne einzusetzen und an den Händen zu knabbern. Meine Empfehlung: Sobald der Welpe die Zähne einsetzt, und sei es auch noch so zaghaft (also noch vor dem eigentlichen Zwicken), sollen die Menschen laut AUA schreien und sofort das Spiel einstellen. Luke soll lernen, dass nicht mehr mit ihm gespielt wird, sobald er sein Gebiss einsetzt. Zusätzlich zum lauten AUA können sich die Menschen wegdrehen, die Arme verschränken und quasi „einfrieren". Verena kann in dieses Training auch ihre Kinder wunderbar miteinbeziehen und ihnen vermitteln, dass sie beim leisesten „Zahnkontakt" von Luke sofort laut AUA rufen sollen.

Dem Welpen sollte von Anfang an kein Spiel mit den Händen erlaubt werden und diese Regel sollten auch Kinder kennen. Der anfängliche Reiz, mit dem Welpen zu raufen, ist gerade bei den Kleinen oft sehr groß. Sie können stattdessen im Spielkontakt mit dem kleinen Hund zwischen Hand und Maul ein langes Zergel halten. So kann dem Welpen schon früh vermittelt werden, dass der Mensch einen Zahnkontakt auf seiner Haut nicht duldet.

Das Rufen von AUA kann ruhig in hoher Stimmlage und relativ laut erfolgen, damit der Welpe sich wirklich erschreckt und denkt „Huch, ich hab doch gar nix gemacht,

Menschen sind aber echt sehr empfindlich! Die vertragen ja gar nichts! Da werde ich nächstes Mal besser aufpassen, damit wir weiterspielen."

Verena berichtet aber auch von sehr dynamischen Situationen zwischen Kind und Hund. Gerade nach dem Mittagessen rennt ihr Sohn gerne gemeinsam mit dem Hund durch den Garten. Es geht auch für einige Zeit gut. Aber irgendwann kippt die Situation und der kleine Luke setzt seine Zähne ein, indem er versucht, Jonathan im Laufen in die Waden zu zwicken.

Hier lautet mein Tipp:

Verena soll mit einer Auszeit für Luke starten, bevor dieser sich richtig hochgefahren hat. Sie soll sich dabei als Schiedsrichterin sehen. Damit dieses Eingreifen auch fruchtet, muss man Situationen wählen, in denen ein Lernerfolg gegeben ist. Es bringt nichts, hinter einem Welpen und einem dreijährigen Kind rufend oder schimpfend durch den Garten zu rennen. Das würde die Situation nur noch verstärken. Verena beschreibt, dass die zwei ungefähr drei Runden durch den Garten rennen können und danach kippe die Situation. Und genau hier, also noch bevor der Hund seine Zähne einsetzt, ist eine kurze Spielpause sinnvoll. Verena kann ihrem Sohn Jonathan vor dem Rennspiel erklären, dass er und Luke immer zwei Runde drehen dürfen und dann gibt es eine Pause. Und dem Welpen kann Verena dann einen Ersatz wie etwa einen Kong (Kau-Spielzeug) geben. Wenn Verena ein Spiel beendet, folgt unter Umständen mit dem Kong oder etwas anderes Tolles für den Hund.

Hier ist Ellie überfordert: Zu lange Tobe-Runden werden mit Beißen in die Schuhe quittiert.

Wie läuft die Umsetzung?

Verena berichtet von guten Lernerfolgen. Zwei, drei Mal haben Sie und die Kinder laut AUA gequietscht. Seitdem setzt der Welpe seine Zähne auf der Menschenhaut nur noch sehr selten ein. Der Tipp lautet dann auch da wieder: laut AUA rufen und sofortiges Beenden des Spiels.

Fallbeispiel 2:

Ein 11 Wochen alter Großer Schweizer Sennenhund verwandelt sich ab 20 Uhr in ein bellendes Ungeheuer

Situation:

Seit einer Woche lebt Ben bei der Familie Uhlig. Johannes und Kristina haben sich mit dem Einzug des Welpen einen Herzenswunsch erfüllt. Johannes arbeitet als Arzt im Schichtdienst, Kristina als Ingenieurin im Homeoffice. Beide möchten sich die Aufgabe der Welpenerziehung teilen. Tagsüber ist Ben ein echter „Anfängerhund", wie Kristina sagt. Die drei haben sich gut aneinander gewöhnt. Alles wäre perfekt, wenn Ben sich abends nicht „verwandeln" würde.

„Ich habe manchmal richtig Angst vor ihm", sagt Kristina und versteht die Welt nicht mehr. Den ganzen Tag ist Ben ein Sonnenschein. Aber seit vier Tagen zeigt er abends ein anderes Gesicht. Sobald sie sich mit ihrem Mann aufs Sofa setze und gemütlich einen Film anschauen möchte, springt der Welpe wild hin und her und bellt aufgeregt. Das Paar hat schon einiges versucht, um den Kleinen zu beruhigen. Sie sind noch mal mit ihm in den Garten gegangen, in der Annahme, dass er sich noch mal lösen muss. Sie haben ihm noch etwas zu fressen gegeben. Aber all das hat nichts genützt. Immer, wenn sie sich wieder hingesetzt haben, dreht er wieder auf. Seit zwei Tagen bleibt es nicht nur beim abendlichen wilden Rumgehüpfe. Nun versucht Ben, in die Füße von Johannes und Kristina zu beißen. Das Paar ist ratlos.

Diese friedliche Ruhe täuscht: Der niedliche Große Schweizer Sennenhund stellt den Alltag seiner Familie ganz schön auf den Kopf.

Flausen im Kopf: Auch wenn der kleine Ben mal wild hüpft, will er nicht gleich die Weltherrschaft übernehmen.

Warum macht er das?

Die gute Nachricht erst einmal vorneweg: Ben ist nicht verrückt oder irgendwie aus der Art geschlagen. Sein Frauchen Kristina hat sich schon ernsthaft Sorgen gemacht.

In den ersten Wochen im neuen Zuhause probieren die Welpen sich gerne aus. Denken Sie mal an den Kontakt mit gleichaltrigen Artgenossen. Da wird auch mal die Bürste aufgestellt oder geknurrt ohne einen wirklichen Grund dahinter. Die Welpen probieren aus, wie und wann sie welche Kommunikationsmittel einsetzen können. Es ist ein bisschen wie bei Kindergartenkindern. Wenn Vierjährige mit Gleichaltrigen zusammen sind, kommen da manchmal auch abstruse Wortschöpfungen heraus. Gerne wird das Vokabular der älteren Geschwister mit den eigenen Vorstellungen von „schlimmen" Wörtern vermischt. Stellen Sie sich einen vierjährigen Jungen vor, dem der Schalk nicht nur im Nacken sitzt, sondern ihm das Lachen schon in den Augen anzusehen ist. Wenn dieser Junge zu Ihnen dann ein Schimpfwort sagt und sich dabei krümmt vor Lachen – können Sie sich in diese Situation hineindenken? Niemand wäre dann beleidigt – mit dem Hintergrundwissen, dass dieses Kind sich gemeinsam mit Freunden Worte ausgedacht hat und dann versucht, Erwachsene damit zu beeindrucken.

Und genau so kann man die Situation mit Ben vergleichen. Johannes und Kristina dürfen keine Angst vor dem kleinen Ben haben, der wild hüpfend und bellend vor ihrem Sofa tobt. Mit dem Bewusstsein, er ist gerade ein Vierjähriger, der „Kacka-puh“ ruft, geht das auch sehr einfach. Glauben Sie mir.

Dolmetscher-Tipp:

Der Welpe möchte mit seinem Verhalten nicht den Aufstand proben oder eine Aggression gegenüber seinen Besitzern zeigen. Er probiert sich vielmehr aus (denken Sie an das Kindergartenkind). Aber warum genau zeigt Ben dieses Verhalten immer abends, wenn seine Besitzer eigentlich entspannen wollen? Es gibt hier nicht die eine Antwort und die eine Lösung. Das Verhalten des Welpen kann verschiedene Gründe haben.

Die verrückten fünf Minuten, vor allem abends, sind ein ganz natürliches Welpenverhalten. Fast jeder junge Hund zeigt diese Handlung als Ventil, um überschüssige Energie abzuladen. Der Welpe hat dabei keine Hintergedanken oder führt etwas im Schilde. Der Erste-Hilfe-Tipp lautet in diesem Fall, eine gute Balance zwischen Auslastungsphasen und Ruhepausen zu finden. Gleich im Trainings-Tipp gehe ich darauf noch detaillierter ein.

Manchmal entwickelt sich aus den drolligen fünf Minuten, in denen die Welpen eigentlich nur mal Dampf ablassen wollen, auch eine Art Kettenreaktion. Aus einem klassischen Missverständnis zwischen Mensch und Hund heraus bleibt es dann nicht bei dem Energieablassen mit den all abendlichen Runden durchs Wohnzimmer, sondern der Hund entwickelt Frust und bellt. Genauso ist es bei dem Großen Schweizer Sennenhund passiert. Im Fall von Ben haben sich Johannes und Kristina ab dem Einzug des Hundes beide drei Wochen Urlaub genommen. Ben erlebt seine Besitzer seit sieben Tagen stets gut gelaunt und immer spielbereit. Aus seiner Sicht könnte es nicht besser laufen. Wann immer er sich an die beiden schmiegt, wird er gestreichelt. Wenn er seinen Spielzeugknochen durch das Haus zu ihnen trägt, freuen sich die beiden immer. Ben könnte glücklicher nicht sein. Und das ist auch gut so. Was der kleine Hund jedoch noch nie in seinem neuen Zuhause erlebt hat, ist, keine Aufmerksamkeit zu erhalten. Wann immer Ben sich regt oder eine Beschäftigung sucht, ist zumindest einer der beiden zur Stelle. Das ist Bens abgespeicherte Realität. Seit zwei Tagen kuschelt sich das Paar aber abends nicht mehr nur ausschließlich zu Ben auf den gemütlichen Teppich direkt vor dem Wohnzimmertisch. Nein, sie setzen sich aufs Sofa und schauen Fernsehen. Das hat den Hund schwer irritiert. Keine Aufmerksamkeit von seinen Menschen zu erhalten ist er nicht gewohnt. Aus Hundesicht sitzen seine Besitzer regungslos auf dem Sofa und starren gerade aus. Eine völlig neue Erfahrung!

Trainingstipp:

In den meisten Fällen sind die drolligen fünf Minuten wirklich ganz normal bei Welpen. Zeigt Ihr kleiner Hund dieses Verhalten seit ein paar Tagen? Als Erste-Hilfe-Maßnahme empfehle ich eine Art Welpen-Tagebuch zu führen. Notieren Sie dort in kurzen Stichworten, was der junge Hund tagsüber erlebt hat. Nicht selten steckt hinter dem Energie-Abladen am Abend eine Überforderung des Hundes am Tage.

Überforderung kann ein Auslöser sein

Angenommen, ein Welpe begleitet an einem Tag seine Besitzer morgens ins Büro, fährt mittags mit ihnen mit der U-Bahn zurück, nachmittags kommen die Nachbarskinder zum Spielen zu Besuch und abends hat er das erste Mal die gelben Säcke vor der Haustür entdeckt, die am nächsten Morgen abgeholt werden sollen. Das wäre zum Beispiel ein typischer Tag mit zu wenig Ruhepausen. Und an solchen Tagen beobachten viele Besitzer, dass die drolligen Minuten bei den Welpen besonders ausgeprägt sind. Dann laufen die kleinen Hunde wie von Sinnen mit hohem Tempo quer durchs Wohnzimmer, springen aufs Sofa und umrunden Tische.

Hummeln im Hintern: Welpen haben Flausen im Kopf.

Schauen Sie, dass Sie für Ihren Hund eine gute Balance zwischen Action und Ruhepausen finden. Welpen haben eine schier unbegrenzte Energie, aber sie benötigen vor allen Dingen auch ausreichend Zeit, um die vielen neuen Erfahrungen und Eindrücke zu verarbeiten. Entzerren Sie wenn möglich die Programmpunkte für Ihren Welpen. Packen Sie nicht alle möglichen Abenteuer wie S-Bahn-Fahren, Ausflug in die Stadt und Spielbesuch in einen einzigen Tag. Sie haben Zeit, Ihrem Kleinen die Welt zu zeigen. Im Kapitel Lexikon gehe ich auf das Thema Unter- und Überforderung auch noch mal näher ein.

Entspannungsritual am Abend einführen

Hat Ihr Welpe einen zu vollen Tag gehabt und Sie konnten ihm nicht ausreichend Ruhepausen gönnen? Damit der Kleine abends nicht völlig überdreht, können Sie ihm helfen, etwas runterzukommen und zu entspannen. Eine schöne Übung zum Energie-Abladen wäre Nasenarbeit. Haben Sie einen Schnüffelteppich? (Eine Matte aus aneinander geknoteten Vliesstücken, in denen sich wunderbar Leckerlies verstecken lassen). Alternativ können Sie Ihrem Hund in einem ausgedienten Frottee-Handtuch Leckerlies verstecken und sie ihn suchen lassen. Das kann zu einem schönen Ritual nach einem ausgefüllten Tag werden. Wenn alle im Wohnzimmer zur Ruhe kommen, geben Sie Ihrem Welpen direkt vor dem Sofa einen hergerichteten Schnüffelteppich oder eine Alternative für seine Nase.

Was tun, wenn der Hund aus Frust so reagiert®

Wie im Dolmetscher-Tipp schon beschrieben, hat sich bei dem kleinen Ben aus den drolligen fünf Minuten ein ritualisiertes Bellen entwickelt. Sobald sich seine Besitzer aufs Sofa setzen, kommt der Kleine angelaufen, stellt sich vor die beiden und beginnt zu bellen. Auf die Frage, wie oft Kristina und Johannes auf das Bellen von Ben reagiert haben, waren sich beide einig: oft. Das Reagieren seiner Menschen auf sein Verhalten hat Ben darin bestärkt, seine Handlung weiter zu zeigen. Bens Besitzer waren ratlos, was der Welpe mit seiner Handlung ausdrücken möchte. Sie haben ihn hinaus in den Garten getragen, um auszuschließen, dass er sich doch noch einmal lösen muss. Sie haben ihm Futter angeboten, um auszuschließen, dass er doch noch Hunger hat. Und instinktiv haben Sie mit ihm gesprochen und versucht, ihn durch gutes Zureden und Streicheln zu beruhigen. Und all das hat Ben in seinem Gefühl „ich finde diese Situation hier doof" weiter bestärkt. Bei dem Ehepaar und ihrem Hund ist eine Art Schieflage entstanden aus zu gut gemeintem Entertainment und Abschalt-Training. Kristina und Johannes haben ihrem Kleinen jeden Wunsch von den Augen abgelesen (das ist auch nicht schlimm). Aber Ben tut sich deshalb sehr schwer, einmal gar nichts zu machen beziehungsweise selbst zur Ruhe zu kommen. Er hat dann statt „ich laufe herum“ Bellen als Ventil gewählt. Seine Besitzer waren stark verunsichert und haben durch Öffnen der Türe und Futtergabe seinem Bellen immer Aufmerksamkeit geschenkt und die Handlung dadurch verstärkt. In diesem Fall benötigt der junge Hund etwas Hilfe beim Entspannen.

Was ist jetzt also zu tun?

Kristina und Johannes sollen eine Abend-Routine mit Ben einführen. Genauso selbstverständlich, wie sie sich etwas zu trinken und etwas zu knabbern mit aufs Sofa nehmen, sollen sie Ben eine Abendroutine geben. Der junge Hund spielt besonders gerne mit einem langen Zergel. Kristina und Johannes berichten, dass er dieses begeistert durch den Garten und das Haus trägt. Die erste Hausaufgabe für die beiden lautet: eine gute Auslastung für Ben finden. Um den Kleinen aber am Abend nicht noch hoch zu pushen, empfehle ich, den Kleinen das Zergel im Wohnzimmer suchen zu lassen. Ich möchte die Dynamik aus einem „ich werfe und du bringst Spiel“ eher vermeiden. Einer der beiden könnte mit Ben am Sofa warten, während der andere das Zergel am anderen Ende des Raums unter den Stuhl legt. Ist das Spielzeug ausgelegt, sollen seine Besitzer ihn mit der Vokabel „such das Zergel“ losschicken.

Wie läuft die Umsetzung?

Der kleine Ben ist bereits bei dem ersten Übungsversuch sofort zielgerichtet zu seinem Spielzeug gelaufen und die beiden haben ihn ausgiebig mit Stimme und Streicheln für das Finden belohnt. Von Tag zu Tag konnten die beiden die Aufgaben schwieriger gestalten. Mittlerweile verstecken sie das Zergel schon in einem anderen Raum und Ben stöbert es dort auf. Die zwei freuen sich inzwischen richtig auf die Abendroutine und bauen genug zeitlichen Puffer dafür ein.

Nach etwa fünf Minuten beenden Sie das Spiel mit einer Art Jackpot. Ben kennt das Prozedere inzwischen schon ganz genau und läuft begeistert zum Sofa. Er bekommt ein paar seiner Lieblings-Leckerlies, die es speziell am Abend gibt. Johannes und Kristina haben ihm dafür eine Decke direkt ans Sofa gelegt. Dort bekommt Ben immer nach der Spieleinheit seine Kekse. Nachdem der kleine Ben seine Kekse gegessen hat, krault einer von ihnen ihn sprichwörtlich in den Schlaf. Manchmal steht er dann noch einmal auf, um etwas zu trinken, geht dann aber direkt wieder auf die Decke oder in seine Körbchen und schläft zufrieden.

Fallbeispiel 3:

Neun Wochen alter Welpe „erstarrt“, sobald die Familie das Haus verlässt

Situation:

Frank und Sabine leben mit ihrem zwölfjährigen Sohn Benedikt am Stadtrand in einer ruhigen Sackgasse. Seit einer Woche lebt Tom bei ihnen. Der Welpe ist ein Nova Scotia Duck Tolling Retriever. Es ist eine der fünf Retriever Arten, die eher weniger verbreitet ist. Die Wartelisten für diese Hunde sind lang. Ganze drei Jahre musste die Familie auf ihren Tom warten. Nun ist das neue Familienmitglied eingezogen und alle sind glücklich. Doch besonders Sohn Benedikt stört das schüchterne Verhalten von Tom. Er

Ich bleibe hier: Sunny möchte den Garten nicht verlassen.

wollte doch so gerne mit dem neuen Familienmitglied spazieren gehen. Tom (9 Wochen alt) ist ein aufgewecktes Kerlchen. Er bereitet der Familie viel Freude.

Doch außerhalb des Grundstücks wendet sich das Blatt um 180 Grad. Sobald Tom seinen sicheren Bereich – das Haus und den Garten – verlassen soll, wird aus dem quirligen Welpen ein ganz zurückhaltender Hund. Nur mit viel Locken und Mühe kann die Familie ihn überhaupt zum Verlassen des Grundstückes animieren. Sobald er einen anderen Hund sieht, möchte der Welpe am liebsten sofort umkehren. Die ganze Nachbarschaft weiß, wie sehr die Familie auf den Einzug des Welpen hin gefiebert hat. Und jetzt das! Sobald Tom die Nachbarn mit ihren Hunden sieht, setzt er sich hin und möchte nicht mehr weitergehen. Seine Menschen versuchen, ihn mit der Stimme zu animieren. Doch auch das Locken mit Sätzen wie: „Geh doch mal gucken, das ist doch unser Nachbar!“ hilft nicht.

Warum macht er das?

Wenn die Familie dem Vierbeiner durch Umdrehen den Heimweg anbietet, springt er sofort auf und rennt freudig nach Hause. Für Tom ist eine Begegnung mit anderen Hunden nicht nachvollziehbar. Wir Menschen haben im Kopf, dass die Begegnung mit einem Artgenossen für den Welpen eine gewinnbringende Aktion wäre. Tom jedoch hat keine Ahnung davon, dass von dem Nachbarshund keine Gefahr ausgeht. Er ist deshalb sehr verunsichert. Die meisten Welpenbesitzer werden das Phänomen kennen. In der Wohnung oder im Haus sind ihre Welpen aufgeweckt und für jeden Spaß zu haben. Möchte man aber zu einem Spaziergang aufbrechen, verwandeln sie sich in störrische Esel. Keinen Schritt möchten sie vor den anderen setzen.

Dieses Verhalten zeigen ganz viele Welpen. Für sie ist das neue Zuhause die sicherste Umgebung der Welt. Unabhängig vom Charakter fürchten sich viele Welpen in den ersten Tagen, diesen sicheren Ort zu verlassen. Die jungen Hunde haben keine Vorstellung davon, warum wir uns scheinbar achtlos aus der sicheren Umgebung in das Ungewisse begeben. Wenn dann auch noch ein für sie fremder Hund entgegenkommt, ziehen viele Hunde die Notbremse. Natürlich gibt es auch Welpen, die charakterbedingt arglos drauf los spazieren. Da überwiegen dann andere Motivationen. Aber ganz viele Welpen verhalten sich in den ersten Wochen genauso wie Tom.

Dolmetscher-Analyse:

Die Traumvorstellung der meisten Hundebesitzer ist ein Spaziergang mit einem freilaufenden Vierbeiner. Gemeinsam große Runden durch Felder drehen, das ist das erklärte Ziel der meisten Menschen. Ein Welpe hat aber andere Träume. Kleine Hunde entfernen sich instinktiv nicht vom Grundstück und das typische Gassigehen erscheint den meisten Hundebabys als sehr unsicher. Hier erst einmal die Erleichterung für alle Welpenbesitzer: Lassen Sie sich mit den Gassigängen noch Zeit. Ihr kleiner Hund benötigt diese Runden nicht für sein Lebensglück. Dieses Missverständnis zwischen Mensch und Hund ist gerade im Welpenalter eines der größten. Hundehalter drängen auf Spaziergänge und möchten diesen Traum verständlicherweise erfüllen. Doch vom Einzug eines Welpen zum entspannten Spaziergang ohne Leine dauert es ein wenig. Die Natur hat weite Gänge durch fremdes

Territorium schlichtweg nicht vorgesehen. Für den Welpen ist es ein unnatürliches Verhalten, sich weit vom Haus zu entfernen und Ausflüge sind für ihn ziellos.

Trainingstipp:

Sie haben bestimmt schon von der goldenen Bewegungsregel für Welpen gehört: Pro Lebensmonat sind fünf Minuten Bewegung ideal. Das heißt im Fall von Tom wären das gute zehn Minuten. Ich empfehle meinen Welpenbesitzern, diese Regeln zu befolgen. Die Knochen und Gelenke sind im ersten Lebensjahr des Hundes nicht für eine kontinuierliche, monotone Beanspruchung ausgelegt. Neben dem gesundheitlichen Aspekt können wir uns diese Faustregel auch sehr gut zu Nutze machen: Wenn wir jetzt wissen, dass Tom sich nur zehn Minuten am Stück auf Spaziergängen bewegen darf, können wir diese Zeit eher für einen Ausflug nutzen. Frank, Sabine und Benedikt sollten ihren Welpen einpacken und ihm die Welt zeigen. Das Laub im Wald, die grüne Wiese an einem Fluss oder die Gerüche am Feld. Es gibt in den Augen eines Welpen so viel zu entdecken! Die Familie sollte ihm zeigen, dass die Welt und sie als Familie viel bieten können. Gemeinsame Abenteuer im Wald wie zum Beispiel Leckerlis im Laub suchen oder auf ungefährlichen kleinen Baumstumpfen klettern – all diese Erlebnisse schaffen Bindung. Und diese Bindung benötigt ein Welpe, um sich den Gefahren auf einem Spaziergang stellen zu können.

Sobald der Welpe Vertrauen gefasst hat und einige Ausflüge in die Natur mit seinen Menschen unternommen hat, wird er auch zu Spaziergängen vom Grundstück aus bereit sein. Geben Sie Ihrem Welpen Zeit, in seiner neuen Welt anzukommen.

Fallbeispiel 4:

Ein Welpe ignoriert neuerdings draußen im Wald seine Besitzerin

Situation:

Melanie hat ihr Leben lang von einem eigenen Hund geträumt. Nun konnte sich die 36-jährige ihren Traum erfüllen. Als Prokuristin in einem Autohaus hat sie jetzt die Möglichkeit, ihren Hund mit ins Büro zu nehmen. Seit 10 Wochen lebt die Rhodesian Ridgeback Hündin Amanda bei ihr. Melanie wohnt und arbeitet direkt an einem Waldstück. Seit Amandas Einzug geht sie mit dem Welpen zweimal am Tag dort spazieren. Inzwischen hat sie dort schon Bekanntschaften geschlossen. Täglich trifft sie dort die gleichen drei Menschen mit ihren Hunden. Die drei Hunde sind zwischen einem und sieben Jahren alt, doch sie haben die kleine Amanda gut in die Gruppe integriert. Sobald Melanie die anderen Hunde entdeckt, leint sie ihre Hündin ab. Ausgelassen rennen die vier dann durch den Wald. Melanies Glück hätte nicht größer sein können. Doch seit einer Woche ignoriert Amanda ihr Frauchen im Wald und zieht große Kreise. Manchmal läuft sie so weit weg, dass Melanie ihren Hund gar nicht mehr sieht. Melanie ist beunruhigt, die anderen Hundebesitzer beruhigen die junge Frau und sagen, dass das in dem Alter völlig normal sei. Melanie hat aber ein komisches Bauchgefühl.

Warum macht er das?

Sobald die 20 Wochen alte Hündin Amanda den Wald sieht, hängt sie sich in die Leine. Die Erwartungshaltung der Hündin beim Anblick des Waldes ist: gleich treffe ich auf meine Hundefreunde. Was Melanie nicht weiß: Sie hat ihrem Hund unbewusst beigebracht, dass die Hündin im Wald selbstständig agieren darf. Die Hündin hat verknüpft: Sobald sie den Waldboden betritt, wird sie abgeleint und darf selbstständig entscheiden.

Rückruf schwierig: Zoe ist eher in der „Fang mich doch"-Laune.

Zu Beginn klebte der Welpe förmlich an Melanie. Die kleine Amanda hat instinktiv gehandelt, sie fühlte sich ohne Leine im Wald sehr unsicher. Da Melanie auf Anraten der anderen Hundebesitzer sie aber gleich am Waldrand ableinte, musste die kleine Hündin ein selbstständiges Verhalten zeigen. Der Hund hat verknüpft, dass ihr Frauchen ihr ganz allein die Entscheidung

Alles so spannend hier: Wenn der Hund etwas Interessantes erblickt hat, ist ein Rückruf schwierig.

im Wald überlässt. Als Team wäre man zusammen durch den Wald gestapft und die Aufgaben wären verteilt gewesen. Doch Amanda hat so gelernt, dass sie im Wald auf sich gestellt ist und sehr früh gegen die anderen Hunde behaupten musste. Nach ein paar Tagen hatte sie keine Angst mehr vor den anderen Vierbeinern sondern sie vielmehr als Vorbild im Wald gesehen. Im hohen Tempo drehten die ihre Kreise und rannten ab und an zu ihren Besitzern, um sich eine Belohnung abzuholen. Hunde lernen nachgewiesenermaßen auch, indem sie andere Hunde beobachten und das ist hier eingetroffen. Amanda hat gelernt, sich mit hohem Tempo von ihrem Frauchen zu entfernen und eigenständig zu entscheiden, wann sie sich einen Keks abholt.

Dolmetscher-Analyse:

Wir haben uns im Kapitel Missverständnisse schon gemeinsam den Mythos „Bindung entsteht durch Freilauf" angeschaut. Die Ridgeback-Hündin Amanda war zu Beginn sehr schüchtern. Melanie hat dann auf Anraten der anderen Hundebesitzer ihren Vierbeiner abgeleint und ist weitergegangen, um ihm Sicherheit zu geben. Doch durch dieses Verhalten ist genau das Gegenteil entstanden. Die Hündin hat jetzt verknüpft, dass Frauchen im Wald keine Entscheidungen trifft und sie auch nicht beschützt. Aus Sicht des Hundes hat Melanie alle Entscheidungen Amanda übertragen – ob sie weiter durch den Wald läuft, mit wem sie ein Rennen startet, ob sie schnüffelt oder ob sie etwas frisst. Amanda hat in den knappen zehn

Volldampf voraus: Alma nutzt den Freilauf für „Vollgas-Runden".

Wochen ihr eigenständiges Verhalten im Wald immer weiter perfektioniert. Die Rasse Rhodesian Ridgeback hat als Großwildjäger ihren Ursprung. Die Vorfahren dieser Rasse haben es mit Löwen aufgenommen. Die Lust zum Jagen, eine gewisse Furchtlosigkeit und auch Unabhängigkeit vom Menschen liegen Amanda also in den Genen.

Zu Beginn hat Amanda auf das Rufen von Melanie wunderbar reagiert. Doch seit zwei Wochen ignoriert die Hündin ihre Halterin komplett im Wald. Aus Sicht der Hündin ist es eine logische Konsequenz der vergangenen Spaziergänge. Sie hat durch den Freilauf gelernt, eigenständig zu entscheiden. Amanda scheint es jetzt nicht schlüssig, auf Verlangen von Melanie zurückzukommen. Die Hündin hat keineswegs im Kopf, wegzulaufen oder ähnliches. Sie geht einfach ihrem Instinkt und dem erlernten Verhalten nach. Durch ihre Ausflüge im Wald hat sie täglich „Jagderfolge". Jagdverhalten hat für einen Hund selbstbelohnenden Charakter und daher mit extrem hoher Motivation für den Hund verbunden, auch, wenn er keine Beute macht. Sprich: Amanda muss das Reh nicht finden, das Erschnüffeln ist schon selbstbelohnend. Die Hündin schnüffelt auf jedem Spaziergang ausgiebig im Laub und am Wegesrand. Aus Sicht des Hundes hat sich ihr Frauchen über Wochen sehr passiv verhalten. Amanda hat eigenständig Tempo und Richtung bestimmt. Ihr Frauchen hat sich mit den anderen Menschen im Hintergrund gehalten. Die Hunde immer vorweg. Das ist für Amanda jetzt ihr normaler Spaziergangs-Modus.

Trainingstipp:

Melanie und Amandas Situation ist eine recht häufige Fragestellung. Der Mythos „Freilauf schafft Bindung" ist weit verbreitet (wir haben es uns zusammen schon angeschaut).

Der Trainingsweg sollte von zwei Seiten aufgebaut werden.

Schritt 1:

Ich empfehle, hier einen radikalen Schnitt zu machen und die Spaziergeh-Routine für mindestens vier Wochen komplett einzustellen. Das heißt in Amandas Fall: Kein Freilauf mehr im Wald, kein Gruppen-Spaziergang mit Hunden. Melanie sollte mit ihrem Hund Amanda entweder bewusst zu anderen Zeiten gehen oder an einem anderen Waldstück spazieren gehen. Amanda muss den Spaziergang jetzt völlig neu lernen.

Meine Empfehlung lautet, dass Melanie für vier Wochen lang die täglichen Waldspaziergänge als Trainingsausflug sieht. Sie sollte ihrer Hündin durch Such-Spiele und Apportier-Aufgaben zeigen, dass man auch mit Frauchen Spaß im Wald haben kann. In diesem Fall macht es keinen Sinn, nur Vokabeln im Sinne von Signalen wie Sitz und Bleib im Wald zu üben. Amanda muss lernen, dass Frauchen zum einen die Entscheidungen im Wald übernimmt, zum anderen aber auch, dass man auch mit ihr im Wald Spaß haben kann. Es kommt nicht so sehr darauf an, Signale abzurufen. Aus Sicht des Hundes muss ein Spaziergang völlig neu aufgezogen werden, damit Amanda die Entscheidungen von Melanie nicht in Frage stellt. Bisher hat Amanda gelernt, dass man Spaß im Wald nur auf sich allein gestellt oder mit Hunden haben kann. Jetzt muss sie lernen, dass auch Melanie tolle Ideen im Wald hat.

Irgendwo müssen die Kekse doch sein! Bruno sucht die Leckerlies am Baum.

Hier würden sich besonders Suchspiele eignen. Melanie kann sich zum Beispiel einen Baum mit markanter Rinde suchen und dort in unterschiedlicher Höhe kleine, weiche Leckerlies an verschiedenen Stellen stecken. Mal auf Augenhöhe von Amanda, mal ganz am unteren Ende und mal etwas höher, so dass sich die Hündin beim Suchen strecken muss. Für die Zeit, in der Melanie für ihre Hündin Futterstückchen am Baum verteilt, gibt es zwei Möglichkeiten: Melanie kann ihre Hündin mit zum Baum nehmen und sie sanft davon abhalten, die Kekse gleich zu suchen. Die zweite Möglichkeit wäre (je nach Trainingsstand, die Hündin ungefähr einen Meter vom Baum entfernt absitzen zu lassen und den Baum allein zu bestücken.

Bisher kennt Amanda die Vokabel „Such" noch nicht. Es ist daher sinnvoll, dass Melanie ihre Hündin nach dem Verstecken mit der Stimme ermutigt loszugehen. Und mit einer animierenden Tonlage so etwas sagen wie „schau mal, wo sind die Kekse". Und immer, wenn die Hündin die Leckerlies findet, kann Melanie die Vokabel „Such" sagen und ihre Hündin noch zusätzlich zu den Futterstückchen mit der Stimme belohnen.

Auch die freie Suche in etwas höherem Gras ist für die meisten Hunde ein großer Spaß. Überprüfen Sie vorher unbedingt, dass auf der ausgewählten Stelle kein Unrat oder Gewächse mit Dornen sind. Wenn Sie ein schönes Stück Rasen oder Wiese gefunden haben, nehmen Sie eine kleine Handvoll Leckerlies und werfen Sie diese wie Kamelle in die Wiese. Anschließend animieren Sie Ihren Hund, die leckeren Kekse zu finden. Ein großer Spaß für die Hunde! Amanda lernt dabei: Wenn ich mit meinem Menschen zusammen jage, komme ich auch zum Erfolg.

Schritt 2:

Amanda soll mit Hausaufgabe eins, dem eingestellten Freilauf im Wald, jetzt nicht der Kontakt mit Artgenossen genommen werden. Die gleichen Kumpels kann der junge Ridgeback weiterhin treffen, aber nicht im Wald. Auf einer eingezäunten Wiese oder im eigenen Garten zum Beispiel ist ein Treffen weiter möglich.

Fallbeispiel 5:

Welpe scheint im Garten an spontanem Hörverlust zu leiden

Situation:

Friederike und Paul leben mit ihren drei kleinen Kindern im Alter von zwei, vier und fünf Jahren in einem gerade frisch sanierten Fachwerkhaus. Alles ist neu. Nur der riesige Garten ist mit seinen 3.000 Quadratmetern noch nicht hergerichtet. Das möchte die Familie aufs nächste Jahr verlegen. „Wahrscheinlich wäre es auch sinnlos gewesen, den Garten vor dem Einzug des Welpen auf Vordermann zu bringen. Jetzt hat der Kleine eben eine richtige Abenteuer-Spielwiese“ sagt Friederike. Labrador Retriever Bode (11 Wochen) lebt seit zwei Wochen in der Familie. Der Welpe ist ein entspannter Zeitgenosse und hat sich gut in die Familie eingefügt. Friederike und Paul hätten nur nicht gedacht, dass Bode fast wie ein viertes Kind ist. Mit drei kleinen Kindern ist auch der friedlichste Welpe eine Herausforderung. Deshalb ist die Familie über den großen Garten mehr als froh. Auch wenn die Zeit mal knapp ist, in den Garten darf der junge Hund immer. Und der Kleine nutzt diese Zeit ausgiebig und erobert das naturbelassene Grundstück mit großem Vergnügen. Es wird gebuddelt, es wird geschnuppert – der Welpe ist im Jagdglück. Doch seit ein paar Tagen bemerkt die Familie, dass sich etwas verändert hat. Bode schaltet bei seinen Streifzügen über das Grundstück auf Durchzug. Wenn die Familie an der Terrassentür steht und den in Sichtweite stehenden Welpen anspricht, passiert nichts. Bode schnüffelt unbeirrt weiter. Auch auf den Spaziergängen bemerkt das Paar eine Veränderung bei dem Welpen. Auf Ansprache reagiert der Kleine nicht mehr. Aufs Rascheln der Leckerli-Tüte reagiert er immer, aber wenn die Familie ihn draußen anspricht, ignoriert er seine Menschen komplett. Friederike und Paul sind irritiert. Sie vermuten, dass sie vielleicht einen Einzelgänger haben. Labradore gelten als familienfreundlich. Ihr Bode ist aber eher kontaktlos und sucht die Nähe seiner Familie nicht.

Dolmetscher-Analyse:

Bode konnte von Anfang an in den Garten. Gerade in den Stoßzeiten, wenn alle Kinder von ihren Eltern die volle Aufmerksamkeit benötigen, durfte der Welpe diesen Abenteuerspielplatz für sich nutzen. Die Familie tat dies in bester Absicht. Sie wollte, dass dem Kleinen nicht langweilig wird. Der Welpe versteht die Beweggründe seiner Menschen aber nicht. Er hat abgespeichert, dass mit ihnen zusammen nichts los ist. Im Garten hingegen kann er schnüffeln und buddeln. Bei seiner Züchterin durfte Bode auch dorthin, aber immer gemeinsam mit seinen Geschwistern und mindestens zwei Menschen.

Hier zeigt sich wieder, dass kein Welpe wie der andere sein muss: einige Welpen hätten sich nicht allein rausgewagt und wären unsicher auf der Terrasse stehen geblieben oder wieder ins Haus gegangen. Bode aber hat die Freiheit im Garten für seine eigenständigen Entdeckungstouren genutzt. Der Welpe durfte ungehindert seiner Passion nachgehen, dem Jagen. Akribisch ging er die Beete ab und buddelte mal hier mal da auf der Suche nach interessanten Gerüchen. Er vertrieb so mit einem kleinen jagdlichen Galopp so manchen Vogel aus dem Garten. Er durfte in den zwei Wochen draußen die Entscheidungen allein treffen: Wo er schnüffelt, wann er schnüffelt und wen er verjagt. Allein rauszugehen hat sich für den Hund enorm gelohnt, also zeigt er es öfter.

Im Haus hat Bode die Erfahrungen nicht sammeln können. Friederike und Paul haben dort sehr strikt auf Regeln geachtet. Sie haben täglich das Signal „geh auf deine Decke“ geübt und ihn mehrmals am Tag darauf geschickt, etwa wenn die Familie am Tisch gegessen hat. Immer wenn es klingelt, haben sie den Welpen angeleint und so verhindert, dass er den Erstkontakt herstellen konnte. Mit der Klarheit im Haus haben sie dem Welpen einen verlässlichen Rahmen gegeben. Daher stellt Bode die Familie im Haus auch überhaupt nicht in Frage.

Er hat sich gut integriert. Da Bode aber im Garten völlige Entscheidungsfreiheit ge-

Schaltet auf Durchzug: im Garten ignoriert Ellie das Rufen ihres Frauchens.

nießen konnte, schaltet er auch auf den Spaziergängen auf Durchzug. Der Welpe ist es nicht gewohnt, dass seine Menschen für ihn außerhalb des Hauses Entscheidungen treffen. Er handelt also nicht aus Ungehorsam, sondern weil er durch sein eigenständiges Verhalten verknüpft, dass es draußen ohne Menschen, die ihn nur reglementieren, viel schöner und spannender ist. Hätten Friederike und Paul sich mit dem Labrador im Garten beschäftigt, hätte der kleine seine Familie draußen auch auf dem Zettel.

Wer ist bei diesem Blick nicht verzaubert? Außerhalb des Gartens ist Ellie zuckersüß.

Trainingstipp1:

Das Ignorieren der Menschen außerhalb des Hauses lässt sich gut durch ein Training beheben. Der Welpe hat das Verhalten im Garten ritualisiert und benötigt jetzt Klarheit und Konsequenz, um dort ein anderes Verhalten zu zeigen. Die Verhaltensspirale „ich vergnüge mich unabhängig von meinen Menschen draußen“ muss unterbrochen werden.

Trainingsschritt 2:

Frederike und Paul dürfen ihren Welpen vier Wochen lang nicht mehr allein in den Garten lassen. Mindestens eine Person sollte immer dabei sein, aber nicht, um dem Hund weitere Regeln aufzuerlegen. Vielmehr soll der Welpe verknüpfen, dass die Menschen draußen superspannende Ideen haben. Das Paar sollte dem Welpen eine Beschäftigung bieten, die Bode großen Spaß macht. Bisher führte ihn sein Weg immer als erstes auf den Rasen, wie ferngesteuert hat er in Windeseile mit der Nase den Boden nach Gerüchen abgescannt. Diese Eigenschaft kann die Familie gut nutzen und dem Welpen dort zum Beispiel etwas Trockenfutter verstreuen. Bei der Aufgabe lassen sich auch sehr gut die Kinder mit einbeziehen, denn die lieben es in der Regel, mit dem Hund etwas zu machen und etwas Spannendes vorzubereiten. Ein Elternteil könnte mit den Kindern im Garten die Futterstückchen verstecken und der andere Part kommt mit dem Hund wenig später hinzu und gemeinsam ermutigen sie Bode, den Rasen abzuschnüffeln. Der Welpe wird durch Finden der Futterstückchen zum Erfolg kommen und so eine neue Lernerfahrung machen, nämlich dass die Anwesenheit seiner Menschen auch Vorteile mit sich bringt.

Zusammen ist es doch am schönsten: Alma speichert die Anwesenheit von Jonah als positiv ab.

Trainingsschritt 3:

Wenn das Paar bemerkt, dass der Welpe sich lösen muss, sollten sie ihn angeleint zu einem festen Löseplatz bringen, damit der Vierbeiner lernt, dass es nicht immer zum Jagen oder Spielen in den Garten geht, sondern auch mal nur zum Pieschern.

Fallbeispiel 6:

12 Wochen alte Hündin macht Luftsprünge, wenn sie Passanten sieht

Situation:

Matthias arbeitet als Notfallsanitäter im Schichtdienst. Seit zwei Wochen ist er quasi im Dauereinsatz, denn Rottweiler Loreley ist bei ihm eingezogen. Die 12 Wochen alte Hündin bereichert sein Leben, ist jedoch sehr menschenbezogen und springt jeden Menschen an. Noch finden die meisten Personen es niedlich und streicheln den Hund. Matthias ist es ein Graus, wenn Hunde Menschen anspringen und möchte so ein Verhalten bei seinem Hund unterbinden. Immer, wenn Loreley das Verhalten zeigt, schimpft er deshalb mit seinem Hundebaby. Ein klares, scharfes „Nein“ scheint Loreley aber nicht zu beeindrucken. Sie zeigt die Handlung bei jeder weiteren Begegnung immer wieder. Matthias ist hin- und hergerissen. Er möchte auf keinen Fall seinen Hund mit Gewalt erziehen. Aber er weiß keine Lösung für dieses Problem.

Warum macht er das?

Schaut man sich die Körpersprache der Hunde untereinander an, gehört das gegenseitige Anspringen nicht zu ihrem Vokabular. Hunde springen sich nicht zur Begrüßung an und schon gar nicht aus Freude. Und doch zeigen die meisten Welpen das Verhalten. Woher kommt das? Es ist ein angelerntes Verhalten, das die Menschen unbewusst dem Hund antrainieren.

Kaum zu halten: Jeder Mensch wird von Alice stürmisch angesprungen.

Alice hat verknüpft: Immer, wenn ich springe, kommt etwas Schönes!

Wenn wir Welpen streicheln, gehen wir dafür meist in die Hocke und stehen auf, um die Handlung zu beenden. Als Reaktion darauf springen viele Hundebabys dann an einem hoch. Dieses Verhalten hat fordernden Charakter. Auf das Anspringen der Welpen reagieren die meisten Menschen dann mit einer Fortsetzung der Streicheleinheiten und der Welpe verbucht das Anspringen als Erfolg.

Dolmetscher-Analyse:

Beim Einzug bei Matthias wog Loreley gerade einmal sechs Kilo. Ein zartes Rottweiler Mädchen. Jeder, den Matthias getroffen hat, ging sofort in die Hocke oder in die Knie, um dieses zaubersüße Hundemädchen zu streicheln. Nun konnte man Loreley beim Wachsen förmlich zu sehen. Im Laufe der Wochen gingen die Menschen nun nicht mehr in die Hocke, weil der Hund sie dann überragte. Loreley hatte sich aber so an den Service der Streicheleinheiten gewöhnt, dass sie die Menschen nun durch forderndes Anspringen daran erinnerte. Die Menschen reagierten, indem sie den Hund streichelten. Loreley hat das in ihrem Verhalten bestärkt. Immer wenn sie Leute anspringt, führte das bisher für sie zum Erfolg. Zwar hat Matthias immer mit einem kräftigen Nein auf ihr Anspringen reagiert. Aber dieses Abbruchsignal ihres Menschen hat der Welpe nicht als eine Korrektur registriert. Das Hundegehirn speicherte ab: Menschen anspringen führt in jedem Fall zu Aufmerksamkeit.

Warum reagiert Loreley nicht auf das Nein von Matthias? Das Nein kam schlicht zu spät. Der Hund hatte unmittelbar während des Anspringens durch das Streicheln und das Reden des anderen Menschen schon Erfolg. Erinnern Sie sich an die Stimme als Verstärker! Loreley erfährt, während sie das „Nein“ von Matthias registriert, ja etwas Angenehmes, die Menschen streicheln sie.

Und selbst wenn die Hündin nicht gestreichelt worden wäre, hätte der bloße Einsatz der Stimme (also das „Nein“ von Matthias) das Verhalten der Hündin verstärkt. Denn Hunden ist selbst solche negative Aufmerksamkeit lieber als KEINE Aufmerksamkeit!

Trainingstipp:

Wie kann man Loreley das Verhalten jetzt abtrainieren? Matthias muss hier jetzt konsequent und klar handeln. Loreley darf keinen Erfolg mehr durch das Anspringen haben. Streng genommen wäre es für die Hündin schon ein Erfolg, wenn nur die Pfoten das Gegenüber berühren würden. Ohne Leine wird Matthias das Verhalten im Moment nicht verhindern und Herr der Lage werden können.

Deshalb hier ein Drei-Stufen-Plan:

Stufe 1:

Loreley darf keinen unangeleinten Erstkontakt mit Menschen haben. Sprich, wenn Matthias auf fremde Menschen trifft, also solche, die nicht mit im Haus leben, muss der Welpe angeleint sein. Hierbei soll die Leine keinesfalls als Werkzeug eingesetzt werden, Matthias soll weder daran rucken noch reißen. Die Leine soll nur verhindern, dass Loreley den Menschen berühren beziehungsweise erreichen kann. Nur mit einem konsequenten Verhindern des ungewünschten Verhaltens kommen wir hier zum Erfolg.

Stufe 2:

Die kleine Rottweiler Hündin benötigt einen Plan B, wenn sie Menschen sieht. Bisher hat

Neues Ritual: Alice wartet brav hinter Tina.

Der Mensch übernimmt die Begrüßung vor dem Hund: Alice beobachtet das neue Ritual.

„Jetzt darfst du!“ Tina schickt ihre Hündin mit der Freigabe „du darfst“ zum Menschen.

sie abgespeichert: Hinrennen, anspringen und gestreichelt werden. Durch die Leine ist das jetzt nicht machbar. Der Welpe muss jetzt aber ein Alternativverhalten angeboten bekommen. Hier ist es sinnvoll, dem Welpen das Signal „Hinter“ beizubringen.

Wie geht das?

Matthias soll Loreley hinter sich locken, indem er sich aufrecht hinstellt und sie mit einem Leckerchen in der Hand hinter sich lockt. Wenn sie jetzt nicht nach dem Leckerli springt, sondern ruhig hinter ihm abwartet, wird sie mit dem Futter belohnt und zeitgleich hört sie das Wort „hinter“. Versucht der junge Hund, nach dem Essen seinen Menschen sofort wieder zu überholen, wird er mit der Stimme wieder nach hinten „gelockt“. Erst, wenn Loreley nicht mehr versucht, Matthias zu überholen, gibt er sie mit einem „okay“ frei und sie darf zu dem fremden Menschen.

Dieser kann sich dann etwas zu Loreley nach unten beugen und sie streicheln. Sobald der Hund hochzuspringen versucht, geht der Mensch weg und Matthias hält die Leine fest. Das bedarf einiger Wiederholungen, bis Loreley das alte Verhaltensmuster ablegt.

Stufe 3:

Was kann man tun, damit das Begrüßen von Menschen auch irgendwann wieder ohne Leine funktioniert? Matthias sollte Loreley beibringen, dass es auch Situationen gibt, in denen sie trotz der Hinter-Übung nicht zum Menschen darf. Die Erwartungshaltung soll nicht bei jedem Menschen sein „Oh, ich werde gleich gestreichelt!“. Matthias verhindert durch das Kurzhalten der Leine, dass Loreley zum anderen Menschen kann. Setzen wir wieder die Hundebrille auf: Es ist nicht gemein, wenn Loreley nicht zu jedem Menschen darf. Das Kontrollieren der Situation wird der Hündin helfen, nicht von jeder Person eine Kuscheleinheit zu erwarten, sodass die Erwartungshaltung und damit das Stresslevel mit dem Training sinken sollte.

Fallbeispiel 7:

Welpe ist in fremder Umgebung sehr nervös

Situation:

Ralf und Nadine haben vor zwei Wochen einen Cocker-Spaniel Welpen bei sich zuhause aufgenommen. Die kleine Susi ist jetzt 12 Wochen alt. Ralf war vor dem Einzug sehr skeptisch, ob ein Hund in ihr aktives Leben passen würde. Das Paar ist sehr gesellig und oft bei Freunden zu Besuch. Nadine hat ihrem Mann versprochen, die komplette Aufzucht und Erziehung zu übernehmen.

Heute sind sie bei ihren besten Freunden zum Abendessen eingeladen. Schon während der Fahrt dorthin zieht Ralf seine Frau etwas auf. Bei dem ganzen Gepäck frage man sich, ob sie dort einziehen wollen. Nadine aber möchte es ihrem Welpen so angenehm wie möglich machen und hat das Körbchen von Susi und ein paar Spielzeuge eingepackt. Zehn Personen sind zum Essen eingeladen. Die Stimmung ist gelöst, das Essen ist hervorragend, alle amüsieren sich. Nur Nadine wird von Minute zu Minute unruhiger. Sie sind jetzt seit anderthalb Stunden hier und ihre kleine Susi hat noch nicht einmal gelegen. Sie kommt einfach nicht zur Ruhe und geht stattdessen an allem schnüffelnd durch alle Räume. Nadine treibt die Sorge um, dass sich der Welpe irgendwo unbeobachtet lösen könnte.

Wenn sich die kleine Hündin mal hinsetzt, dann beginnt sie sofort zu hecheln. Gastgeberin Rosa versucht ihre Freundin zu beruhigen. Sie solle lockerlassen und den Hund einfach machen lassen.

Warum macht er das?

Ein weiteres Beispiel dafür, wie spannend Hundetraining sein kann: Jeder Hund bringt ganz eigene Eigenschaften mit. Nicht jeder Hund findet in einer fremden Umgebung nicht zur Ruhe. Aber hier bei der kleinen Susi kommen zwei Dinge zusammen.

Das eine ist, dass Susi noch nicht gelernt hat, auch in einer fremden Umgebung zu entspannen. Bisher war das Ehepaar mit ihr nur im eigenen Haus und auf Spaziergängen. Ihr fehlt schlicht die Erfahrung, dass es auch andere „Höhlen" gibt.

Und das andere ist, dass Susi mit dieser grenzenlosen Freiheit in der fremden Umgebung schlicht überfordert ist. Ihr fehlt eine natürliche Begrenzung. Zuhause hält sich das Paar überwiegend im Wohnzimmer mit der kleinen offenen Küche auf. Die Hündin hat ihre Besitzer zu jeder Zeit im Blick und es ist ein überschaubarer, sicherer Rahmen, in dem sie sich bewegt.

Hier aber kann sie die 150 Quadratmeter des Erdgeschosses voll nutzen. Alle Türen stehen ihr sprichwörtlich offen. Das ist in etwa so, als ob man von ihr erwarten würde, auf einem Waldspaziergang zu schlafen. Ein Ding der Unmöglichkeit. Überall Neuigkeiten, die es zu entdecken gibt.

Dolmetscher-Analyse:

Die kleine Susi ist überfordert mit all den Möglichkeiten. Durch die fehlende Begrenzung (überall offene Türen) sieht sie das Haus als eine Art Abenteuer-Spielplatz an und möchte alles erkunden. Der Welpe ist verunsichert und zugleich überfordert mit der Situation. Instinktiv stuft sie das Verlassen der Höhle als gefährlich ein. Ralf und Nadine waren die letzten Wochen nur im eigenen Haus und draußen aber noch in keinem anderen Gebäude. Der Welpe kennt bislang nur das Haus seiner Züchterin und sein neues Zuhause.

Die Menschen tun ihrem Hund mit der Freiheit in diesem Fall keinen Gefallen. Der Welpe kann sich auf kein Spiel mit seinen Spielzeugen einlassen, zu groß ist die Ablenkung im ganzen Erdgeschoss. Die Hündin braucht hier einen Rahmen, der ihr Sicherheit gibt.

Trainingstipp:

Ein nicht zur Ruhe kommender Welpe ist nichts Ungewöhnliches. Viele Welpen-Besitzer werden das Verhalten kennen. Scheuen Sie sich nicht, dem Hunde-Baby räumliche Grenzen zu setzen. Der Welpe fühlt sich in der fremden Umgebung hilflos und ein bisschen grenzenlos. Das mitgebrachte Körbchen sieht Susi in diesem Fall nicht als ihres an, da es in einer fremden Höhle steht. Nadine sollte Susi anleinen, am Geschirr und an der kurzen Leine bei sich am Tisch. Ähnlich einer Restaurant-Situation kann der Welpe dann lernen, zu entspannen. Die meisten Menschen scheuen sich, ein Hundebaby zu begrenzen und möchten es lieber das ganze Haus erkunden lassen. Aber stellen Sie sich einmal vor, das Hundebaby wäre ein kleines Kind im Krabbelalter. Dann würde man es auch lediglich in einem Raum, indem man auch selbst ist, krabbeln lassen. Oder würden Sie im Haus Ihrer Freunde Ihr Kind in deren Schlafzimmer krabbeln lassen und alle Räume besichtigen lassen?

Eben. Begrenzung gibt in diesem Fall Orientierung und Sicherheit.

Fallbeispiel 8:

Dem Feind ins Auge blicken verursacht ein Trauma

Situation:

Susanne geht mit ihrem Dalmatiner-Welpen durch den Wald spazieren. Der kleine Sam ist jetzt 13 Wochen alt. Der aufgeweckte Hund liebt den Wald, hat seine Nase tief im Laub vergraben. All diese Gerüche lassen den Welpen seine Umgebung nahezu vergessen. Susanne winkt derweil ihrer Nachbarin zu. Ute reitet gerade mit ihrem Pferd durch den Wald. Die beiden Frauen sehen sich schon von weitem. Ute bremst ihr Pferd etwas aus und so traben sie langsam auf Susanne und den kleinen Sam zu.

Der Welpe ist so in seine Nasenarbeit vertieft, dass er das Pferd nicht registriert. Erst, als dieses unmittelbar neben dem Welpen zum Stehen kommt, blickt der Welpe auf. Der junge Hund erschrickt und rennt aus einem Fluchtreflex heraus voll in die Leine.

Um dem Welpen die Angst zu nehmen, nimmt Susanne ihren Dalmatiner schnell auf den Arm und hält ihn direkt an den Kopf des Pferdes. Beide Tiere schauen sich in die Augen, die Mäuler berühren sich. Gerade als Susanne ihren Welpen an die Nase des Pferdes hält, bemerkt sie, dass es in ihren Händen warm wird. Der Welpe hat gepieschert. Der Urin rinnt an ihren Händen vorbei und die Jacke entlang.

Warum macht er das?

Der kleine Sam hat sich beim Anblick des riesigen Pferdes erschrocken. Angst ist eine Schutzreaktion des Körpers. In einer für den Hund schlimmen Situation, in der er sich fürchtet, hat er drei Verhaltensoptionen: Fliehen (also vor der Gefahr wegzulaufen), erstarren (instinktiv unsichtbar und so ungefährlich für den Feind zu sein) oder kämpfen (im Sinne von Angriff ist die beste Verteidigung). Sam hat sich für die erste Option – flüchten – entschieden. Die Leine hat seine Flucht zum Glück verhindert. Ein Hund, der aus Angst wegläuft, ist nicht leicht zu stoppen. Dann ist er auf dem Arm seiner Halterin erstarrt. Doch auch dies hat ihm nicht geholfen, der Abstand zur Gefahr wurde sogar noch verringert. Um dem Angreifer seine Beschwichtigung zeigen, hat sich vor Angst eingepieschert. Ein anderes Verhalten blieb ihm nicht mehr übrig.

Dolmetscher-Analyse:

Bei diesem Beispiel wird sehr deutlich, wie durch Missverständnisse in der Kommunikation zwischen Mensch und Hund große Probleme entstehen können. Hunde können nur je einen Sinn voll nutzen. Sprich der kleine Sam war so mit der Nase im Laub vertieft und hat die verschiedenen Geruchsmoleküle untersucht, dass er keinen Blick für die restliche Umwelt hatte. Er hat das sich nähernde Pferd nicht gehört und nicht gesehen. Erst, als es direkt neben ihm stand, hat er es wahrgenommen. Stellen Sie sich vor, Sie warten gedankenverloren an einer Fußgängerampel, starren dabei auf Ihr Handy, schauen hoch und da steht plötzlich ein Kreuzfahrtschiff direkt vor Ihnen. Sie würden furchtbar erschrecken und das Gehirn bräuchte ein paar Sekunden, um den neuen Reiz als gefährlich oder ungefährlich einzuordnen. Genau so ging es Welpe Sam. Ihn auf den Arm hochzuheben war eine menschliche Reaktion und hätte ihm an sich auch Schutz geboten. Aber das Näherbringen an das, was ihm so viel Angst macht, hat die Situation verschlimmert und in ihm Panik ausgelöst.

Die beiden Frauen haben sicher in bester Absicht gehandelt, sie wollten dem Welpen vermitteln, dass von Pferden keine Gefahr ausgeht. Doch das Gegenteil ist passiert. Der kleine Dalmatiner befindet sich mit seinen 13 Wochen in einer sehr sensiblen Entwicklungsphase. In dieser Sozialisations-Phase (etwa bis zur 12. Lebenswoche) speichern Welpen Freund- und Feindbilder ab und es ist wichtig, einem Welpen mit Lebewesen und Dingen bekannt zu machen, die ihm in seinem Alltag wahrscheinlich begegnen werden. Sam mit Pferden vertraut zu machen, ist daher völlig richtig, hätte aber in einem angemessenen Rahmen passieren sollen. Und man sollte den menschlichen Gedanken, der Hund solle das Pferd toll finden, beiseiteschieben. Im besten Fall sollte der Welpe Pferde als ungefährlich, wenn nicht sogar uninteressant einstufen. Hier wurde der Welpe aber von der Situation davon völlig überrumpelt.

Wie hätte man es besser machen sollen?

Die Rahmenbedingungen hätten anders gestaltet werden sollen. Für eine erste Begegnung wäre es sinnvoll gewesen, dass sich Welpe und Frauchen langsam (im Sinne von kontrolliert) dem Pferd (idealerweise auf einer Weide stehend) genähert hätten. Der Hund sollte dabei nicht überfordert sein – deswegen eine kontrollierte Annäherung (auf das Thema Über- und Unterforderung gehe ich später im Lexikon noch näher ein).

Woran ist Überforderung zu erkennen? Welpen sind grundsätzlich schnell begeisterungsfähig. Wenn ein Welpe beim Anblick eines Reizes plötzlich stocksteif stehen bleibt, stresst ihn eine Situation.

Erinnern Sie sich an die drei Verhaltenskarten, die ein Hund ziehen kann, wenn er sich fürchtet: flüchten, einfrieren oder nach vorne gehen. Stellt man fest, dass der Welpe aufgrund eines Objekts oder einer Person gestresst ist, ist die Hauruck-Methode im Sinne von Augen zu und durch kontraproduktiv. Denn dies stellt für den Welpen einen Vertrauensbruch dar.

Stellen wir uns also vor, dass Susanne mit ihrem Welpen ihre Freundin Ute samt Pferd auf einem Reiterhof besucht hätte. Sam und sein Frauchen wären auf dem Reiterhof etwas spazieren gegangen. Der Dalmatiner wäre seinem Frauchen begeistert gefolgt und hätte dabei interessiert am Boden geschnüffelt. Etwa zehn Meter von der Koppel entfernt hätte er sein Tempo verlangsamt, bis er es kurze Zeit später ganz eingestellt hätte. Er hätte sich hingesetzt. Das kann ein Anzeichen von Stress sein. Was ist in so einer Situation richtig? Wenn Ihr Welpe beim Anblick eines ihm unbekannten Reizes nicht weitergehen möchte, geben Sie ihm Zeit. Lassen Sie ihn die Situation erst einmal beobachten und bewerten. In unserem Beispiel wäre es eine gute Möglichkeit, dass Ute ohne Pferd auf die beiden zu geht und die beiden begrüßt. Sam hätte dann schonmal sehen können, dass Ute in guter Absicht handelt und ungefährlich ist. Manchen Welpen hätte diese Tatsache allein die Furcht schon etwas genommen. Gemeinsam hätten die beiden Frauen dann versuchen können, sich langsam weiter der Koppel zu nähern.

Rein körpersprachlich kann eine frontale Annäherung an einen Reiz für den Hund bedrohlich wirken. Oft hilft es den Hunden, sich einem Reiz, den sie nicht einschätzen können, zum Beispiel auch Mülltonnen, die da sonst nicht stehen, in einem Bogen zu nähern.

Zeigt ihr Hund sichtbare Anzeichen von Stress wie Hinsetzen, Blick abwenden oder Hecheln – geben Sie ihm und sich Zeit. Der Hund speichert einen Reiz positiv ab, wenn er ihn in guter Erinnerung hat (also ihn nicht mit etwas Schlechtem verbindet). Es ist im ersten Schritt nicht entscheidend, wie nah sie bei der ersten Übung dem Reiz kommen.

Bei unserem Beispiel „Sam nähert sich der Koppel" wäre es nicht wichtig gewesen, ob sich die beiden direkt am ersten Tag dem Pferd bis auf einen Meter hätten nähern können. Die Faustformel sollte eher lauten: „Lieber einmal nur aus der Ferne schauen und sich dem Unbekannten wie etwa einem Pferd am nächsten Tag einen Schritt weiter nähern".

Um den eigenen Hund davon zu überzeugen, dass ein ihm unbekanntes Objekt wie etwa eine Mülltonne nicht gefährlich wird, spielen Sie für ihn den Helden. Das hätte in unserem Beispiel dann so aussehen können: eine Begleitperson wartet mit dem Welpen in großer Entfernung und seine Besitzerin nähert sich dem Pferd zunächst allein und streichelt es. Zu sehen, dass sein Mensch sich traut und unversehrt zurückkommt, gibt vielen Hunden dann den Mut, sich selbst dem Reiz zu nähern.

Trainingstipp:

Sam hat in diesem Fall ein Trauma erlitten. Was bedeutet das? Der Welpe fürchtet sich nun vor Pferden, nicht nur vor diesem einen Pferd. Der Fokus sollte jetzt aber nicht darauf liegen, dass Sam keine Angst mehr vor Pferden hat. Erst einmal sollte sein Frauchen für zwei, drei gute Erlebnisse im Wald sorgen. Das Vertrauen in seine Bezugsperson muss erst wieder gestärkt werden. Susanne sollte entspannte Spaziergänge mit ihm machen, auf denen sie mit ihm tolle Dinge wie etwa Suchspiele veranstaltet. Bevor sie ihn wieder an Pferde gewöhnt, sollte sie sicherstellen, dass er den Wald nicht grundsätzlich als gefährlich einstuft. Sobald Sam sich wieder fröhlich und unbeschwert im Wald zeigt, kann das Training starten.

Wir beginnen mit einer Art Desensibilisierung. Dieses sensible Training sollte unbedingt mit einem guten Hundetrainer zusammen stattfinden, denn bei dem langsamen Heranführen an den Reiz, in unserem Fall das Pferd, müssen einige Dinge berücksichtigt werden. Susanne sollte in einer angemessenen Entfernung zum Pferd mit ihrem Hund etwas Schönes machen. Das kann je nach Vorlieben des Welpen ein Such- oder Apportierspiel sein. Der Hund sollte in dieser Situation keine für ihn schwierigen Beschäftigungsvarianten zeigen müssen; ein Spiel in der Nähe des Reizes ist schon Herausforderung genug. Im Falle von Sam würde sich ein Futtersuchspiel anbieten mit einer Mischung aus Nasenarbeit und Dynamik. Dafür eignen sich Leckerlies, die gut auf dem Boden rollen, wie etwa Käse in kleinen Stücken. Susanne kann diese dann für den Welpen abwechselnd über den Boden kullern lassen und mal verstecken. Eine Baumrinde oder etwas höheres Gras bieten sich hierfür an.

Achten Sie dabei auf die Balance zwischen Forderung und Überforderung. Das Suchspiel sollte so weit vom Pferd entfernt stattfinden, dass Sam die Futterstücke noch frisst, aber so nah, dass er das Pferd wahrnimmt. Sollte Sam dem Keks hinterherrennen und dann beim Blick zum Pferd kurz zögern, kann sein Frauchen ihn animieren, den Keks aufzunehmen. Damit signalisiert sie ihm, dass in der Nähe oder Sichtweite eines Pferdes keine Gefahr droht und man etwas Positives erleben kann. Der Hund lernt nur, wenn er keinen Stress bei der Aufgabe hat. Beginnt er zu hecheln oder sich hinzusetzen, obwohl die Kekse um ihn herumfliegen, ist die Distanz zwischen Pferd und ihm zu kurz gewählt. Ein direkter Kontakt von Pferd und Hund sollte in diesem Fall nicht das primäre Trainingsziel sein, sondern erst im weiteren Trainingsverlauf angestrebt werden. Hier geht es zunächst einmal darum, dass Welpe Sam wieder Vertrauen in sein Frauchen fasst und ihr in Anwesenheit eines Pferdes (in angemessener Entfernung) vertrauen kann.

Fallbeispiel 9:

Welpe fiept im Auto

Situation:

Das Dackelmädchen Mayra (13 Wochen alt) ist ein sehr munterer und mutiger Welpe. Sie begleitet ihre Besitzerin Daniela überall hin und begegnet allem Neuen sehr aufgeschlossen.

Aber sobald Daniela mit Mayra Auto fährt, verwandelt sich der Hund komplett. Ein durchgehendes Fiepen, mal lauter, mal leiser begleitet jede noch so kurze Fahrt, wie mir ihre Besitzerin berichtet.

Warum macht er das?

Das kann verschiedene Ursachen haben. Mayra ist in einer geschlossenen Stoffbox im Kofferraum des Kombis untergebracht.

Erinnert Daniela sich noch an die erste Autofahrt ihres Hundes? Die Fahrt vom Züchter ins neue Zuhause war unauffällig. Die kleine Mayra schlief auf dem Schoß einer guten Freundin von Daniela, die als Beifahrerin mitfuhr.

Aber schon auf der ersten Fahrt, die der Welpe mit seiner neuen Besitzerin allein unternahm, hat das Jaulen begonnen. Nach nicht mal einer Minute hat der Hund mit einem leisen Fiepen begonnen. Daniela war besorgt und hat ihre Fahrt sofort unterbrochen. Schon als sie die Kofferraum-Klappe öffnete, war Mayra sofort still. Daniela vermutete, dass sich der Welpe lösen muss. Sie hielt also auf einem Parkplatz und setzte das Hundebaby zum Lösen auf eine Grünfläche.

Doch gelöst hat sich die Dackeldame nicht. Sie hat ihr Frauchen eher irritiert angesehen, als diese sie auf ein Stück Rasen mitten im Nirgendwo setzte. Seit diesem Tag sind die Autofahrten für Daniela der blanke Horror. Da sie ihre Hündin nicht im Blick hat, wird sie schnell nervös. Aktuell legt sie nur kurze Strecken bis maximal fünf Minuten gemeinsam mit Mayra zurück und versucht ihr dabei gut zuzureden. Zwischenzeitlich hält sie immer mal wieder an und lässt die Hündin raus.

Bevor wir der Ursache für das Verhalten auf den Grund gehen lässt sich bereits eines feststellen: Mayra hatte bis jetzt mit ihrem Jaulen Erfolg. Daniela reagiert auf das Fiepen während der ohnehin kurzen Strecken mit mehreren Stopps. Aus menschlicher Sicht ist es absolut nachvollziehbar, dass Daniela versucht, es der Hündin so angenehm wie möglich zu machen. Für die Ursachenforschung setzen wir nun wieder die Hundebrille auf.

Dolmetscher-Analyse:

Es gibt Hunde, die sehr schlecht im Auto mitfahren können: durch Probleme mit dem Gleichgewichtsorgan müssen sie sich teilweise übergeben oder haben vermehrten Speichelfluss. Das ist für beide Seite eine sehr schwierige Situation.

Bei der Suche nach den Gründen, warum Mayra kein Autofahren kann, helfen uns oben erwähnte Parameter. Daniela kann keinen vermehrten Speichelfluss registrieren und übergeben musste sich ihre Hündin auch noch nie.

Der Blick durch die Hundebrille lässt erkennen, dass Mayra durch Fiepen ausdrückt, dass ihr das Autofahren nicht gefällt. Nicht mehr und nicht weniger. Wenn einem Welpen übel ist oder sich die Kleinen lösen müssen, bleibt in der Regel keine Zeit zum Fiepen. Dann handeln die Welpen. Wenn ein Welpe ein Grundbedürfnis hat, dann erfüllt er es.

Gehen wir davon aus, dass Mayra das Autofahren zwar nicht gefällt, ihr aber auch nicht übel ist. Dann wäre Danielas Verhalten kontraproduktiv, denn sowohl das Anhalten als auch das Sprechen bestärken Mayras Verhalten. Die Situation würde für den Hund aber nicht besser werden – im Gegenteil. Beide Seiten würden zusehends nervöser werden. Mayra, weil sie Autofahren nicht mag und durch die Handlungen von Daniela noch in ihrem Gefühl bestärkt wird, und Daniela, weil all ihre Handlungen die Situationen eher noch verschlimmern.

Trainingstipp 1:

Ich bin mir sicher, dass hinter Mayras Verhalten kein gesundheitliches Problem steckt. Sie findet ihren Platz dort hinten im Kofferraum schlicht doof. Wenn man durch die Parameter – Hund spuckt nicht und Hund speichelt nicht – eine mögliche Unverträglichkeit des Autofahrens ausschließen kann, ist es sinnvoll, die Ausgangssituation ein bisschen zu verändern.

Mayra ist jetzt 13 Wochen alt. Den ganzen Tag verbringt sie gemeinsam mit ihrem Frauchen, sogar in der Nacht schlafen die beiden beieinander. Die große Distanz während des Autofahrens irritiert das Dackelmädchen. Durch das leise Fiepen und Jaulen teilt sie mit, dass sie lieber näher bei ihrem Frauchen wäre. Im Alltag sind die Hündin und ihre Besitzerin ein eingespieltes Team. Durch die Hundebrille gesehen empfindet der Hund das Mitfahren im Kofferraum als Isolation. Hinzu kommt, dass im Kofferraum alles anders riecht, es schaukelt und es gibt ungewohnte Geräusche. All diese Punkte verstärken Mayras Unwohlsein.

Im Falle von Daniela weiß ich, dass sie die meiste Zeit allein in ihrem geräumigen Kombi fährt. Aus Trainersicht gibt es demnach keinen Grund, warum der Dackel im Kofferraum fahren muss. Wenn man ihm das Autofahren mit einem Platzwechsel erträglicher machen kann, ist das eine legitime Lösung.

Und ich finde, dass Mayra das mit ihren 13 Wochen auch zusteht. Die plötzliche Isolation im Kofferraum ist zu viel und zu früh für den Dackel. Wie können wir das Fiepen verhindern?

Schritt 1:

Daniela sichert die Stoffbox auf dem Beifahrersitz. Das bringt gleich mehrere Vorteile mit sich. Zum einen heben wir die Isolation von Mayra auf und zum anderen muss Daniela sich nicht immer sorgenvoll umdrehen, wenn ihr Hund direkt neben ihr sitzt.

Ganz wichtig ist jetzt hierbei, dass Daniela eventuelles Jaulen ihres Welpen ab sofort während der Autofahrt ignoriert. Sprich nicht reden, nicht anhalten und nicht raussetzen. Nur so können wir das Trainingsziel erreichen, dass Mayra eine entspannte Beifahrerin wird.

Schritt 2:

Ich rate Daniela, die Autofahrten zu protokollieren und zu notieren, ob und wie lange die Hündin gefiept hat. Daniela sollte durch tägliche kurze Fahrten Routine reinbringen. In der ersten Woche sollten die Fahrten nicht länger als fünf Minuten dauern. Auch das Ziel der Fahrten ist für das Trainingsziel von Bedeutung. Daniela kann die kurzen Autofahrten zu Trainingszwecken bewusst an schönen Plätzen enden lassen wie etwa dem Lieblingswald oder einem See. Gerade in der ersten Trainingsphase sollten die Fahrten nicht nur im Kreis und wieder nach Hause führen oder unbeliebte Ziele wie etwa ein Stadtbesuch oder stressige Situationen wie einen Besuch beim Tierarzt haben.

Wie läuft es?

Bereits bei der ersten Autofahrt war eine Verbesserung zu bemerken. Statt durchgehendem Gejaule hat die Hündin nur die erste Minute gefiept. Die ersten beiden Tage haben gezeigt, dass Mayras Verhalten bei den Autofahrten schon ritualisiert gewesen ist. Zwar war eine Besserung nach der Sitzänderung zu bemerken, doch die ersten vier Tage hat die Hündin immer mal wieder zaghaft gejault.

Doch nach weiteren vier Tagen jaulte Mayra nicht mehr. Daniela erhöhte ihre Fahrten auf zehn Minuten. Mittlerweile sitzt Daniela die Zeit nicht mehr im Nacken. Mayra ist eine sehr entspannte Beifahrerin geworden.

Trainingstipp 2:

Apropos entspannte Beifahrerin: Ob Mayra auf dem Beifahrersitz bleiben soll oder mittelfristig ihren Platz doch im Kofferraum finden soll, kann Daniela entscheiden. Aus Trainersicht finde ich die Rückbank für den Dackel ideal. Danielas Lebenssituation ist aktuell so, dass sie meistens mit dem Hund allein im Auto fährt. Deshalb ist eine Unterbringung im Kofferraum – aus meiner Sicht – nicht notwendig. Ich rate Daniela, ihren Welpen ganz langsam an die Rückbank als festen Autofahrt-Platz gewöhnen. So kann Daniela möglichen Stress frühzeitig verhindern, sollte sie den Beifahrersitz doch einmal für eine Person benötigen. Ich empfehle, den Hund auf der Rückbank gut zu sichern. Es gibt im Handel einen sogenannten Kurzführer für das Auto. Das ist eine etwa 30 Zentimeter kurze Leine, die an der einen Seite einen Karabinerhaken zum Befestigen am Brustgeschirr hat und an der anderen Seite statt einer gewohnten Handschlaufe über ein Gurtschloss verfügt, mit dem man den Hund sicher im Auto anschnallen kann.

Fallbeispiel 10:

Pudelwelpe Max attackiert das Putzzeug

Situation:

Mareike hat seit zwei Tagen einen Pudel-Mix. Der Rüde ist 14 Wochen alt und es läuft eigentlich alles gut. Wenn da nur nicht das Putzen wäre. Sobald sie Besen, Schrubber oder Wisch-Mopp herausholt, spielt ihr junger Hund völlig verrückt. Er geht mit den Vorderpfoten tief und reckt den Po in die Höhe und fängt dabei aufgeregt an zu bellen. „Das war das erste Mal, dass ich ihn hab bellen hören", sagt seine Besitzerin. Immer, wenn Mareike den Boden säubern möchte, springt Max aufgeregt umher. Mit dem Bellen und Hüpfen allein könnte die junge Frau noch leben, sagt sie. Aber so nach ungefähr einer knappen Minute schnappt Max nach dem Objekt der Begierde und beißt beherzt in Besen oder Schrubber.

Warum macht er das?

Dieses unerwünschte Verhalten ist ein Klassiker unter den häufigsten „Welpenproblemen". Man möchte fegen oder wischen und schon hängt der eigentlich friedlich ruhende Vierbeiner am Mopp oder verbellt den Staubsauger. Das kennt fast jeder Welpenbesitzer.

Die Bewegungen von Besen oder ähnlichem sind für den Welpen einfach zu interessant. Der Schrubber oder auch der Wischmopp spielt „fang mich doch". In den Welpen wird klassisches jagdliches Verhalten hervorgerufen. Denken Sie, wie wir mit den Kleinen spielen: Wenn wir sie auffordern wollen, haben wir meistens ein Spielzeug wie ein Zergel oder ähnliches in der Hand. Durch kleine Bewegungen in die eine und wieder andere Richtung wecken wir den Jagdinstinkt in unseren Hunden. Nichts anderes passiert, wenn wir wischen wollen.

Dolmetscher-Analyse:

Zuallererst die gute Nachricht: dieses Verhalten ist völlig normal und Ihr Welpe ist nicht verrückt oder aus der Art geschlagen. Es ist ein typisches Verhalten von jungen Hunden, welches nur vorübergehend ist. Allerdings sollte man dem Welpen ein Alternativverhalten anbieten, da sonst Putzen zum Stress für alle Beteiligten wird. Und auch dieses so typische normale Verhalten könnte sich schnell ritualisieren.

Trainingstipp 1:

Wenn wir versuchen, den Hund von dem spannenden Reiz wegzuschieben, machen wir den Gegenstand für ihn nur noch interessanter. Auch durch Schimpfen wie „Aus", „Nein" oder „Pfui" verstärken wir das Interesse an dem Besen oder Staubsauger eher. Die Möglichkeit einer Korrektur des Hundes halte ich hier für falsch. Der Welpe handelt nicht aus einer bösen Absicht oder führt etwas im Schilde. Ihr junger Hund lernt jeden Tag so viel Neues dazu und ich finde es unfair ihn für ein von ihm angebotenes Verhalten zu tadeln, nur weil es nicht unseren Bedürfnissen entspricht.

Die bessere Alternative ist, das Verhalten zu kanalisieren. Bieten Sie Ihrem Hund ein Alternativverhalten an. Schließen Sie einen Deal mit ihm nach dem Motto: „Während ich den Boden wische, bekommst du auf der Decke eine Super-Belohnung."

Wie läuft es?

Mareike hat Max ein Rinderohr gegeben, begeistert ist er damit auf seine Decke gelaufen. Als sie aber den Wischmopp aus dem Schrank holte, stand Max mit Rinderohr im Maul plötzlich neben ihr und hüpfte aufgeregt um sie herum.

Trainingstipps 2:

Mareike sollte ihren Welpen bewusst mit seinem Super-Jackpot auf seinen Liegeplatz schicken. Der Lernerfolg für den Hund soll sein: Wenn mein Mensch putzt, darf ich meine Super-Belohnung auf meiner Decke essen. Aber eben nur da. Der Hund soll lernen, dass es sich lohnt, auf der Decke zu bleiben.

Max lebt erst seit zwei Tagen bei Mareike und hat das Signal Decke noch nicht verknüpft (auf das Decken-Training gehe ich im Lexikon noch einmal näher ein).

Als Erste-Hilfe-Tipp empfehle ich Mareike, ihren Hund mit Hilfe von Brustgeschirr und kurzer Leine an der Decke anzuleinen (eventuell ist ein Tischbein in der Nähe). Die Leine soll hier keinesfalls als Strafe oder ähnliches verstanden werden. In diesem Fall ist es ein guter Weg, den Hund davon abzuhalten, mit Kausnack im Maul durch das ganze Haus zu laufen und den Wischmopp zu jagen.

Wie läuft es?

Mareike berichtet, dass Max kurz irritiert gewesen ist, dass er nicht mehr zum Wischmopp rennen konnte. Sie hat die „Wisch-Intervalle" am Anfang daher sehr kurz gehalten, sodass Max sich entspannt seinem Snack widmen konnte. Immer wenn er an seiner Beute geknabbert hat, hat sie ihn verbal gelobt.

Nach einer Woche hat Max den Vorteil des Putzens schon sehr verinnerlicht: immer, wenn Mareike jetzt Wischmopp oder Staubsauger aus dem Schrank holt, rennt der Welpe aufgeregt auf seine Decke und erwartet dort seine Super-Belohnung. Nach drei Tagen konnte Mareike auf das Anleinen verzichten.

Im Jagdfieber: Dexter möchte den Besen stoppen.

7.

Haben Sie die Hundebrille schon auf®

Berg- und Talfahrten: Beziehungsaufbau braucht Zeit.

Was denkst du jetzt? Manchmal möchte man die Gedanken seines Hundes lesen können.

Das war unser Ausflug in meinen Trainingsalltag. Zehn Welpen mit zehn verschiedenen Fragestellungen. Haben Sie sich in dem ein oder anderen Fall wiedererkannt? Standen auch Sie schon einmal mit Ihrem Hundebaby vor ähnlichen Herausforderungen? Wenn Sie die ein oder andere Situation genau so oder ähnlich erlebt haben, konnten Sie Ihren Hund dann im Nachhinein besser verstehen? Oft hilft es der Mensch-Hund-Beziehung schon sehr viel weiter, wenn man Handlungen der Hunde besser nachvollziehen kann und das Handeln des Hundes kein Buch mit sieben Siegeln bleibt.

Vielleicht konnten Sie ja bereits Ihr Wissen aus dem ersten und zweiten Kapitel anwenden? Es würde mich sehr freuen, wenn Sie Ihren Welpen durch dieses Buch besser verstehen lernen. Vielleicht standen Sie gerade heute neben Ihrem Welpen und haben sich gewünscht, seine Gedanken lesen zu können? Das Tolle an unseren zehn Fallbeispielen ist: sie sind immer aktuell. So oder so ähnlich erleben es die meisten Welpenbesitzer. Das Kapitel mit den Fällen und jeweiligen Lösungsansätzen soll Ihnen als Praxis-Helfer dienen. Wenn Ihr Welpe mal wieder wild knurrend vor Ihnen hin und her springt, können Sie ganz praktische Hilfe aus dem jeweiligen Kapitel ziehen.

Trauen Sie sich, einen Profi um Rat zu fragen

Genauso wichtig ist aber auch: Scheuen Sie sich nicht, den Rat eines Profis, also eines seriösen Hundetrainers einzuholen. So individuell unsere Vierbeiner sind, so individuell sind auch die Lösungen. In meiner täglichen Arbeit muss ich nicht nur den Hund, sondern auch die Menschen im Blick haben. Was können die Halter im Alltag leisten? Was passt in die jeweiligen Umstände? Lösungen sind meist individuell.

Gerade in der Anfangszeit ist eine fachkundige Betreuung sehr bereichernd. Sie können gemeinsam die Weichen für eine harmonisches Miteinander mit Ihrem Welpen stellen. Oftmals scheuen sich Halter, ein Einzeltraining in Anspruch zu nehmen. Vielleicht runzeln Nachbarn oder Freunde schon die Stirn und fragen, warum denn der arme Welpe schon in die Schule müsse? Lassen Sie sich nicht verunsichern. Eine seriös geführte Hundeschule wird Sie anleiten, wie Sie ein gutes Mensch-Hund-Team werden.

Wenn ich mit meinen Welpenkunden in ihrem häuslichen Umfeld trainiere, vergleichen sie mich oft mit einer Hebamme: Mir können Sie alle Fragen rund um ihr neues Familienmitglied stellen und es gibt Sicherheit, weil keine Frage peinlich ist. Wenn Sie Fragen zu Ihrem Hund haben, dann trauen Sie sich, sie einem Profi zu stellen.

8.

Der Welpe – Das unbekannte Wesen®

In diesem Kapitel möchte ich mit Ihnen gemeinsam anschauen, was Sie künftig dafür tun können, dass Sie seltener in Situationen geraten, in denen Sie Ihren Welpen nicht verstehen. Lassen Sie uns gemeinsam überlegen, wie wir das Zusammenleben mit dem Welpen noch harmonischer werden lassen können. Die Erziehung eines Hundes hat immer Berg- und Talfahrten – unser Ziel wird nun sein, die Trainingskurve möglichst lange oben zu halten.

Aber natürlich werfen wir auch gemeinsam einen Blick darauf, wie Sie heiter durch das nächste Trainingstal kommen. Vielleicht gelingt es Ihnen mithilfe dieses Buches, so manches davon einfach zu überspringen?

Jeder Welpe ist anders, Lösungen für Probleme immer individuell und doch gibt es ein paar Punkte, die häufig zu frühen Baustellen mit dem neuen Familienmitglied führen. Lassen Sie uns typische Gründe anschauen, warum es zu ersten Turbulenzen in der Hund-Mensch-Beziehung kommt.

Ansprüche und Erwartungen

Einmal im Monat biete ich in der Zooabteilung eines familiengeführten großen Gartencenters eine sogenannte Welpen-Sprechstunde an. Eine Stunde lang stehe ich dort für jede Frage rund um das Thema zur Verfügung. Dieses Angebot nutzen viele meiner bestehenden Kunden, aber es kommen auch Menschen mit ihren Hunden dorthin, die nicht bei mir im Training sind und eine akute Frage zu ihrem Welpen haben.

Gestern war Constanze in der Sprechstunde. Constanze hat die zwölf Wochen alte Pudel-Dame Sue ist 12. Das Hundebaby lebt erst seit zwei Tagen in der Familie und saß gestern ganz entspannt neben ihrem Frauchen, während wir uns unterhielten. Die Hündin wirkte sehr ausgeglichen. Als ich fragte, wie es denn so laufe, geriet Constanze auch gleich ins Schwärmen. Alles sei hervorragend. Der Hund schliefe schon fast durch und mache im Haus nichts kaputt. Nur im Garten schalte der Welpe die Ohren auf Durchzug. Wann immer Sue dorthin läuft, möchte sie immer sofort in den Teich hüpfen. Auf „Nein“ oder „Aus“ reagiert der Welpe dann nicht mehr. Sie sei wie im Tunnel und höre auf nichts mehr.

Auf der Terrasse nicht ansprechbar: Ellie ignoriert das Rufen von Anna.

Welpe schaltet auf Durchzug

Gerade bei Welpen muss man aufpassen, sie nicht zu überfordern. Vorgestern noch bei der Mama, heute in einer neuen Familie. Für die kleinen Vierbeiner ist alles neu. Jeder Reiz muss erst gefiltert werden.

Im Beispiel der Pudeldame Sue ist meine Trainingsempfehlung folgende: Der Vierbeiner sollte zunächst nur angeleint in den Garten geführt werden (auch gerne an der Schleppleine). So kann man verhindern, dass der Welpe in den Teich springt, denn der übt eine große Faszination auf Sue aus. Sobald sich die Gartentür öffnet, läuft sie zum Gewässer. Constanzes Impuls, ihre Hündin zu rufen, ist mehr als verständlich. Ursprünglich – also historisch gesehen – sind Pudel eine „Wasserhunderasse", die zum Apportieren von geschossenen Wildvögeln aus dem Wasser gezüchtet wurde. Aus diesem Grund liebt die Rasse Wasser einfach mehr als andere. Mit diesem Wissen lässt sich das Verhalten von Sue für ihre Besitzerin besser einordnen und verstehen.

Doch hier liegen die Erwartungen des Menschen und die Bedürfnisse des Hundes sehr weit auseinander. Denn die kleine Sue schaltet nicht auf Durchzug, sondern ist von dem Reiz Gartenteich völlig überflutet (aufgrund der rassentypischen Anlagen). Warum sind die Erwartungen zu hoch? Der Welpe muss nach seinem Einzug alle Vokabeln, die der Mensch ihm beibringt, erst lernen und abspeichern. Das heißt, „Nein" oder „Aus" können noch nicht funktionieren, weil die Zeit von zwei Tagen einfach viel zu gering ist. Es wäre auch nicht sehr sinnvoll, das Training bei einem neuen Welpen mit einem Abbruchsignal und damit etwas für den Hund tendenziell Negativem zu beginnen. Gerade beim Abbruchsignal muss man je nach Hund sehr vorsichtig sein, dass man ihm das Training nicht verleidet und er den Menschen als Spielverderber abspeichert. Streng genommen gibt es hier noch keine Baustelle, die zu lösen ist. Das Verhalten des Hundes ist aus seiner Sicht normal. Er entdeckt den Freiraum, der ihm geboten wird. Mit Hilfe der Schleppleine kann Constanze die nächsten Tage verhindern, dass Sue in den Teich geht. So kann sie eine andere Routine für den Garten etablieren. Statt zum Teich zu laufen, können die beiden zusammen alle anderen Bereiche des Gartens erkunden. Diese Maßnahme ist ein Erste-Hilfe-Tipp für die ersten Tage. Für Sue wird aber der Teich weiterhin eine große Faszination ausüben. Wenn es grundsätzlich von den Besitzern nicht gewünscht ist, dass ihr Hund in den Gartenteich springt, sollte man ihn einzäunen – zumindest für die erste Zeit. Die Gefahr sonst ständig „Nein" brüllen zu müssen, wenn Sue sich dem Teich nähert, wäre zu groß. Alternativ könnte Constanze später aber auch gezielt den Teich als Belohnung einsetzen, also den Hund bewusst ins Wasser schicken, da Sue dazu eine starke Motivation hat. Ein erwachsener Hund, der gelernt hat „seinen Menschen zu fragen", kann durchaus verstehen, dass der Teich ohne Freigabe des Menschen tabu ist. Gerade am Anfang mit einem Welpen ist es wichtig, genau abzuwägen, in welcher Situation ich was von dem jungen Hund verlange. Jede Vokabel muss der Welpe erst neu lernen. Bis diese dann auch unter großer Ablenkung funktioniert, dauert es. Also alles Schritt für Schritt.

Erwartungen an das Alter des Hundes anpassen

Die Situation von Constanze und ihrer Hündin Sue ist ein schönes Beispiel für zu hohe Erwartungen vom Menschen an den Hund. Ganz unbewusst setzt man viele Verhaltensabläufe voraus, die ein Welpe überhaupt noch nicht leisten kann. Ansprüche und Erwartungen, die der Welpe nicht erfüllen kann, sind Gründe für die ersten Baustellen zwischen Hundebaby und Mensch.

Kaum ist der Welpe eingezogen, kann man ihm beim Wachsen zuschauen. So schnell die Kleinen auch an Körpergröße dazu gewinnen, so sind sie im Kopf noch wie Babys. Zu hohe Anforderungen an den Hund kann zu Frust – auf beiden Seiten – führen.

Seien Sie sich immer bewusst, ärgern möchte Ihr Hund Sie nicht. Er lernt jeden Tag so viele neue Dinge kennen und muss parallel noch Vokabeln üben.

Überforderung führt zu Frust

Welche weiteren Gründe gibt es für Baustellen mit einem Welpen? Falsche oder zu hohe Erwartungen an den jungen Hund, gerade am Anfang, sind recht häufig und sehr menschlich (siehe unser Beispiel von eben mit Constanze und Sue).

Ablenkungen an das Alter des Welpen anpassen

Ein weiterer Punkt, durch den Probleme bei der Erziehung entstehen können, ist die Überforderung des Welpen. In diesem Buch widmen wir uns ja nicht den klassischen Grundsignalen wie „Sitz“ oder „Platz“. Aber um die Überforderung des Hundebabys an einem Beispiel zu erklären, bedienen wir uns mal bei dem Signal „Sitz“.

Die Lernkurve der Kleinen ist in der Regel sehr steil. Scheinbar über Nacht lernen die Welpen neue Vokabeln. Das „Sitz“ ist wohl einer der ersten Begriffe, den die Besitzer ihrem Vierbeiner beibringen. Aber jedes neue Wort muss auf der Festplatte des Hundegehirns erst richtig gespeichert werden, um es zuverlässig abrufen zu können.

Wenn ein Welpe zum Beispiel das Wort Sitz gerade zwei Tage lang kennt, benötigt es weitere zahlreiche Wiederholungen, damit es wirklich auf der Festplatte gespeichert ist. Wenn wir kurz bei dem Bild der Festplatte bleiben, ist am Anfang das Wort Sitz im Fach „ohne Reize“ gespeichert. Das bedeutet, der Welpe kann auf den Befehl „Sitz“ hin die dazugehörige Handlung sehr zuverlässig zeigen, aber nur in gewohnten Umgebungen wie etwa dem Wohnzimmer. Wenn Sie das gerade erst auf der Festplatte angelegte Wort „Sitz“ jetzt unter Ablenkung von Ihrem Hund fordern, kann er dies nicht leisten. Denn jedes neue Wort müssen Hunde schrittweise auch unter Ablenkungen lernen, also generalisieren. Bevor der Hund eine Vokabel auch in schwierigen Situationen abrufen kann, muss er sich langsam an Außenreize gewöhnen.

Fangen Sie klein an: Ramona bringt ihrem Hund Bruno die Vokabeln „Sitz“ und „Bleib“ erst einmal ohne Ablenkung bei.

Was wäre eine Ablenkung, die den Hund überfordert?

Nehmen wir einen Klassiker: Viele Hundehalter wünschen sich, dass ihr Vierbeiner sich vor dem Überqueren einer Straße hinsetzt. Und zack, ist die erste Überforderung da. Klappt das „Sitz“ im Wohnzimmer noch vorbildlich, zögert der Hund an der Bordsteinkante erheblich. Warum? Da hilft es, sich in den Hund hineinzuversetzen: Wir wissen jetzt, das Wort „Sitz“ ist auf der Festplatte im Ordner „ohne Reize von außen“ abgespeichert. Jetzt steht der Hund an einer Straße und ist vielen Außenablenkungen wie fremden Geräuschen oder Gerüchen ausgesetzt. Der Ordner „Sitz unter Ablenkung“ ist noch leer und der Hund weiß deshalb nicht, was er tun soll.

Die für uns harmlos wirkende Situation „mache an der Ampel Sitz“ ist für die Hunde eine große Herausforderung und für Welpen eine schiere Überforderung.

Trainingstipp:

Steigern Sie die Ablenkung langsam. Beherrscht ein Hund das „Sitz“ im Wohnzimmer einwandfrei, stellen Sie ihm die Aufgabe zunächst einmal im Garten. Dann üben Sie mit ihm vor dem Haus und in einer ruhigeren Ecke auf einem Fußweg. Wenn das funktioniert, können Sie die Vokabel mit Ihrem Welpen an belebteren Orten üben. Ganz wichtig: Wenn man den Schwierigkeitsgrad durch höhere Ablenkungen steigert, sollte man die sonstigen Anforderungen (wie zum Beispiel die Dauer) an die Vokabel, in diesem Falle das Sitz, wieder vorübergehend herunterschrauben. Das „Sitz“ wird in der neuen Situation möglicherweise erstmal schlechter werden, das ist normal und darf nicht bestraft werden. Stattdessen verlangt man es an der Straße erstmal nur kurz und belohnt dafür den Hund überschwänglich.

Wenn die Fußstapfen für den Hund zu groß sind

Was sind die Kriterien bei der Auswahl eines Welpen? Optik und das Rasseportrait sind wichtige Punkte auf der Suche nach dem idealen Begleiter. Ganz häufig haben Menschen aber auch einen konkreten Hund vor Augen, den sie als Vorbild nehmen. Wenn etwa in einer Fernsehserie eine Rasse oder ein Mischling ganz präsent durch einen Filmhund verkörpert wird, ist die Nachfrage nach genau dieser Rasse oder nach genau dieser Mischung auf einmal sehr hoch. Der Verstand weiß unterbewusst, dass der Filmhund jahrelang trainiert wurde, damit er bestimmte Verhaltensweisen auf Knopfdruck zeigen kann. Aber das menschliche Gehirn kann dies ziemlich gut ausblenden und es bleibt die schiere Begeisterung für diesen Hund.

Wenn der eigene Welpe dann nicht wie der Filmhund gedankenversonnen auf einer Picknickdecke dem bunten Treiben der Familie zuschaut, sondern derweil das Rindenmulch aus dem Beet frisst, ist der Frust groß.

Wir tricksen dabei unseren eigenen Verstand aus. Mittels unserer Fantasie erschaffen wir uns dadurch eine detaillierte Idealvorstellung.

Auch innerhalb einer Zucht ist jeder Hund individuell

Wir müssen uns aber nicht erst in einen TV-Hund verlieben, um enttäuscht zu werden. Unsere selbst zu hoch gesteckten Erwartungen funktionieren auch im realen Leben ganz gut.

Vor einem halben Jahr hat mich Elisabeth kontaktiert. Sie hat sich sehr gewissenhaft auf den Einzug ihres Welpen vorbereitet. Sie hat sich viel belesen und einen genauen Plan erstellt, wie sie Job, Familie und Hund möglichst stressfrei miteinander verbinden kann. Ich reservierte ihr einen Platz in meiner Welpengruppe.

Drei Wochen nach unserem Telefonat war ihr Welpe nun bei ihr eingezogen. Unser erster Termin verlief ganz anders als erwartet: Vor mir stand eine Frau, die ihren zuckersüßen Labrador-Welpen auf dem Arm hielt, der aber gleichzeitig Tränen über die Wangen liefen. Ihre Lilly (damals 10 Wochen alt) schleckte ihrem schluchzenden Frauchen die Tränen aus dem Gesicht. Was war denn da passiert?

Mensch und Welpe können eine enge Bindung aufbauen.

Elisabeths selbstgebastelte Idealvorstellung ist nicht erfüllt worden. In ihrer Fantasie war das Leben mit einem Hund ganz anders. Vor vier Jahren hatte sie sich schockverliebt in Wenke, die Labradorhündin ihrer Freundin. Die damals dreijährige Hündin ist ein zurückhaltender, ausgeglichener Hund. Für Elisabeth war schnell klar: Genau so einen Hund möchte sie auch haben! Ihr eigener Vierbeiner sollte deshalb unbedingt von der gleichen Züchterin kommen. Zwei Jahre stand Elisabeth auf der Warteliste. Dann endlich war es soweit und Lilly zog bei ihr ein.

Doch Elisabeths Erwartungen waren so ganz anders als die Realität und der Alltag mit ihrem Welpen war ganz anders als in ihren Vorstellungen. In ihrem Kopf schlenderte sie entspannt mit ihrem Hund durch die Nachbarschaft oder kuschelte mit dem Welpen auf dem Sofa, so, wie sie es bei ihrer Freundin und deren Hündin Wenke immer im Alltag erlebt hatte.

Wenke ist aber mit sieben Jahren natürlich nicht vergleichbar mit einem zehn Wochen alten Hund. Wenke kennt viele Vokabeln und ist für ihr Frauchen ein treuer Begleiter. Lilly dagegen ist ein neugieriger, lebendiger Welpe, der all die Vokabeln erst noch lernen muss.

Elisabeth war sich bewusst, dass sie keinen genetischen Klon der Seniorhündin bekommen wird. Und doch hatte sie komplett andere Vorstellungen. Während Wenke entspannt in der Sonne im Garten liegt, dreht der lebendige Welpe das penibel gepflegte Beet derweil auf links.

Mit diesem Schlüsselmoment ist Elisabeth in der Realität angekommen. Es war ein harter Aufprall. Während die Hündin ihrer Freundin im Garten döst, zerpflückt ihr eigener Vierbeiner das Beet. Für den Welpen ist der Garten ein einziger Abenteuerspielplatz. Einen so jungen Labrador frei in einem Beet laufen zu lassen ist in etwa so, als ob man ein Krabbelkind vor eine ungesicherte Steckdose setzen würde. Die Gefahr ist in Sichtweise und kommt mit Ansage.

Inzwischen sind Elisabeth und Lilly ein eingespieltes Team. Doch die ersten Baustellen hätten vermieden werden können, wenn Elisabeth ihre Erwartungen realistischer gewählt hätte.

Falsche Interpretation

Meinen Welpenbesitzern empfehle ich in für sie unklaren Situationen immer, nicht zu interpretieren, sondern das Verhalten ihres Hundes so neutral wie möglich zu beschreiben. In der Praxis ist dies oft nicht so leicht. Wenn ein Welpe bellt oder jault, ist man als Besitzer schnell dabei, zu interpretieren. Das ist auch völlig normal. Wir lassen uns von unseren Gefühlen leiten und beantworten die Frage aus dem Bauch heraus. Das führt dann oft zu Missverständnissen.

Ein Beispiel: Die beiden Freundinnen Samantha und Julia treffen sich zufällig auf der Straße. Julia hat ihren 13 Wochen alten Hund Robby dabei. Julia hat den Welpen aus einem Tierschutzverein. Er ist ein bunter Mix, aktuell ungefähr kniehoch.

Samantha hat keine Erfahrungen mit Hunden und hat etwas Angst vor Vierbeinern. Julia hält Robby deshalb etwas kürzer an der Leine und beginnt mit ihrer Freundin zu plaudern. Robby springt und hüpft an der Leine. Als er merkt, dass er nicht zu Samantha vordringen kann, beginnt er zu bellen. Julia interpretiert daraufhin: Schau mal Samantha, wie er sich freut, dich zu sehen. Julias Interpretation: Er bellt, weil er enttäuscht ist, dass er Samantha nicht begrüßen darf. Julia hat sich dabei von ihrem Gefühl leiten lassen und beurteilt die Situation ihres Hundes aus dem Bauch heraus.

Schieben wir mal die Interpretation zur Seite und beschreiben als unabhängiger Betrachter die Situation von außen. Dann würde es so klingen: Hund bellt tief und schnell aufeinander folgend und wirft dabei leicht seinen Kopf in den Nacken. Wenn man die Situation so neutral beschreibt, ist die Lösung eine ganz andere: Der Hund freut sich nicht, sondern hat Frust. Er bellt sein Frauchen an, weil er entrüstet ist, nicht zu der fremden Person gelangen zu können.

Merken Sie, welche unterschiedlichen Lösungsansätze uns Interpretation und Beschreibung liefern? Eine neutrale Beschreibung liefert die Lösung: Der Hund bellt aus Frust. Der Trainingsweg wäre da folgender: Den Hund nicht zum Erfolg kommen lassen. Erfolg wäre in diesem Falle, dass er zu Samantha gelassen wird (solange er es durch das Bellen vehement einfordert).

Wenn man das Verhalten interpretiert, kommt man zu dem Schluss: „Der Hund freut sich so!“ und lässt den Welpen zu Samantha. Und schon hätte man einen Grundstein für ein späteres Problem gelegt. Der Welpe würde lernen, dass er eine Handlung durch lautes, penetrantes Bellen für sich einfordern kann. Natürlich darf unser Beispiel-Hund grundsätzlich zu Samantha gelassen werden, aber eben erst dann, wenn er ruhig ist. Er braucht dann auch keine weitere Belohnung, weil das Begrüßen von Samantha schon Belohnung genug ist.

An diesem Beispiel sieht man sehr schön, dass es in der Welpenerziehung nicht auf Verbote ankommt. Sie zeigen Ihrem kleinen Hund die Welt und können maßgeblichen Anteil daran haben, wie er sich später in Situationen verhält. Legen Sie den Fokus weniger auf Verbote und was der Hund nicht soll und lieber darauf, wie das Verhalten denn aussehen soll und wie man dahin kommt. Am Beispiel der Situation „ich treffe unterwegs eine Bekannte“ lässt es sich sehr anschaulich erklären. Wenn ich später einen Hund haben möchte, der während meiner Unterhaltung ruhig abwartet, muss ich das meinem Welpen schon zeigen. Überlasse ich es am Anfang eher dem Zufall und schaue mal, was der kleine Hund so macht oder anbietet, ist die Gefahr sehr groß, dass ich den Hund korrigieren muss.

Wie wäre Ihre Idealvorstellung, was sollte Ihr Vierbeiner machen, wenn Sie unterwegs einen Menschen treffen und kurz plaudern möchten? Ein häufiger Wunsch ist, dass der Hund sich ruhig hinsetzt, sobald man selbst stehenbleibt, und sitzenbleibt, bis man ihn zum Weitergehen auffordert. Mit diesem Bild im Kopf kann man dann genau das trainieren. Einem Welpen von Anfang an ein Verhalten zu zeigen, welches man gerne hätte, ist für alle erfreulicher, als später ein unerwünschtes Verhalten unterbinden zu müssen.

Mein Hund muss mein Kind respektieren

Kleine, süße Hundebabys üben oft eine große Faszination auf Kinder aus. Wenn Kind und Hund gemeinsam aufwachsen, kann es für beide Seiten eine große Bereicherung sein. Das klingt doch alles wie in Bullerbü. Fragen Sie sich jetzt, wo hier jetzt ein Grund für spätere Baustellen liegen könnte? Alle Eltern möchten verständlicherweise, dass Hunde die Kinder als ranghöher respektieren und sich ihr Nachwuchs gegenüber dem Vierbeiner behaupten kann. Dieser Wunsch ist absolut legitim und verständlich.

Kinder müssen aber auch Bedürfnisse des Hundes akzeptieren lernen. Dazu gehört das Verständnis, dass die allermeisten Hunde nicht gern umarmt oder festgehalten werden.

Und einem harmonischen Zusammenleben zwischen Kind und Hund steht auch grundsätzlich nichts im Wege. Doch die Erwartung, dass der Hund das Kind respektiert, wird nicht die Lösung sein.

Erinnern Sie sich noch an unser erstes Fallbeispiel, in dem Cocker Spaniel Luke die Kinder in die Waden zwickte? Da haben wir uns schon gemeinsam angeschaut, was im Zusammenleben wichtig ist. Welpen sehen Kinder abhängig von deren Alter als gleichaltrig oder als Junghund, also als Kumpel an. Wenn von Kindern erwartet wird, dass sie den Welpen in die Schranken weisen, kommt es oft zu ersten Konflikten. Es muss klar sein, dass der Welpe die Kinder nicht in Form von Zwicken oder Beißen korrigiert. Genauso klar muss es aber auch sein, dass Kinder einen Konflikt mit einem Vierbeiner nicht selbstständig lösen können. Kind und Hund benötigen in dem Falle die Eltern als Schiedsrichter. Sie allein regeln das Spiel und klären Situationen.

Zwänge außerhalb des eigenen Rudels

Was will er mir sagen? Sie werden Ihren Welpen verstehen lernen.

Das Thema Welpenerziehung polarisiert oft. Kaum taucht die erste Frage zum Vierbeiner auf, kommen lieb gemeinte Ratschläge von Freunden, Nachbarn oder anderen Hundebesitzern. Der Tenor ist oftmals „Du musst den Hund in die Schranken weisen. Später ist es zu spät“. Das erzeugt natürlich gewaltigen Druck. Gerade dann, wenn die ersten Tage irgendwie so ganz anders laufen, als man es sich vorher ausgemalt hatte. Da sagt die Freundin: „Du musst den Welpen jetzt ohne Leine laufen lassen. Nur jetzt entsteht die Bindung.“ oder der Nachbar mit dem eigenen Vierbeiner sagt: „Wir müssen die Hunde jetzt zusammenführen, sonst wird mein Hund aggressiv.“

Lassen Sie sich nicht verunsichern. Sie können es nicht jedem rechtmachen. Niemand zwingt Sie zu irgendetwas. Wissen Sie bei all den Ratschlägen aus dem eigenen Umfeld nicht mehr, was richtig und was falsch ist? Zögern

Sie nicht, einen Profi um Rat zu fragen. Es ist keine Schande, wenn man den eigenen Hund nicht lesen kann. Es ist vielmehr natürlich, da der Vierbeiner eine eigene Sprache spricht. Zu allem Neuen gibt es eine Beschreibung, eine Anleitung, nur zum eigenen Hund nicht. Trauen Sie sich, einen seriösen Hundetrainer um Rat zu fragen.

Nur weil Sie auch mal Nein sagen, zieht Ihr Welpe nicht aus

„Aber er ist doch so süß!" Haben Sie sich beim Lesen des Buches manchmal bei Gedanken ertappt wie „Morgen fange ich aber an zu trainieren" oder „Aber er ist doch noch ein Baby. Er muss sich erst einmal einleben"? Falls Sie diese Frage mit „ja" beantworten, sind Sie in guter Gesellschaft. Viele Hundebesitzer scheuen sich, Regeln aufzustellen oder Grenzen bei einem Welpen zu setzen. Die Angst, dass die Bindung zum Hund dann gestört wird oder der Welpe seinen Menschen nicht mag, ist groß. Seien Sie gewiss, nur weil Sie auch mal „nein" zu Ihrem Hund sagen, packt er nicht gleich seine Koffer. Ihr Welpe ist von Ihnen abhängig, er verlässt sich auf Sie, er widmet Ihnen sein Leben. Da sind Sie fast in der Pflicht, ihn gut auf das Leben vorzubereiten. Sie haben einen Erziehungsauftrag. Genau so klar wie, dass ein Nein nicht automatisch zum „Entlieben des Hundes führt", genau so klar sollte aber auch sein, dass ihr Welpe mit seinem Einzug überhaupt noch nicht weiß, was sie gut oder weniger gut finden. Deshalb finde ich es wichtig, den Welpen nicht ins offene Messer laufen zu lassen. Es ist niemandem geholfen, wenn man seine besten Schuhe draußen stehen lässt und deshalb dem Hund einhundertmal am Tag „nein" sagen zu müssen. Versuchen Sie gerade anfangs, möglichst wenige Situationen zu schaffen, in denen man „Nein" sagen muss. Natürlich kann man dem Welpen verbieten, die teuren Schuhe anzukauen. Ich würde sie aber erstmal einfach wegräumen. Ich bin eine große Freundin davon, vor dem Einzug des Welpen die Wohnung oder das Haus welpensicher zu machen. Auch wenn Ihr Welpe bereits bei Ihnen wohnt, lohnt sich nochmal ein Gang durch die Räume. Schauen Sie sich die Zimmer mit dem Gedanken „was könnte für meinen Hund nicht gut sein" noch einmal ganz genau an. Auch der Gedanke „was könnte einem Baby im Krabbelalter gefährlich werden" hilft beim Erspähen von potenziellen Gefahren für den Hund. Entfernen Sie dann gefährliche Dinge wie etwa Kleinteile, die Ihr Hund verschlucken könnte, aber auch eben kostbare Dinge, die er zerstören könnte.

Gerade unmittelbar nach dem Einzug eines Welpen gibt es so viele neue Eindrücke für den jungen Hund. Legen Sie den Fokus nicht zu sehr auf „was soll er nicht tun". Wenn der Welpe in seiner neuen Familie einzieht, ist er völlig abhängig von seinen Menschen. Je nach Charakter braucht er ein

Hör auf zu buddeln!
Manchmal muss man auch unpopuläre Entscheidungen treffen.

paar Tage, um sich an die neuen Lebensumstände zu gewöhnen. Der Gedanke, es dem Hund möglichst recht zu machen, ist ja nur allzu verständlich. In erster Linie ist er aber menschlich. Und im Laufe dieses Buch haben wir uns ja gemeinsam schon angeschaut, dass Hundehalter manchmal auch hündisch denken müssen.

Menschlich gedacht und gesehen ist es ja nur allzu verständlich, dass man sich am Anfang mit der Konsequenz oder der Erziehung schwertut. Jedem Menschen, der irgendwo einzieht, würde man es doch Recht machen wollen. Man würde das Lieblingsessen kochen, besonders nett sein und jeden Wunsch von den Augen ablesen. So fühlen die meisten auch beim Einzug ihres Welpen. Sie möchten den kleinen Vierbeinern jeden Wunsch erfüllen.

Die Krux an der Sache ist nur folgende: Beim Einzug ist der Welpe ein kleines, hilfsbedürftiges Hundebaby, aber nur vier Monate später ist er schon auf dem besten Wege in die Pubertät. In dieser Zwischenzeit beobachtet Ihr Hund Sie ganz genau – und unsere Vierbeiner sind sehr gut im Beobachten und Verknüpfen von Handlungen. Wenn man in den ersten Wochen auf Klarheit und Struktur verzichtet, dann wird der Hund seine eigenen Regeln aufstellen. Der Vierbeiner wird dann denken: „Alles hört auf mein Kommando."

In dem relativ kurzen Zeitraum zwischen Welpen und Pubertier bleibt keine Zeit, für Gedanken wie „wir erziehen später" oder „das lassen wir erstmal so laufen".

Natürlich sollen Sie Ihren Welpen verwöhnen und lieben. Es geht hier nicht um eine strenge oder harte Hand. Er soll auch nicht dressiert werden oder Kunststücke einüben. Es geht nur darum, dass Ihr Hund von Anfang an lernen sollte, dass im Zusammenleben mit seinen Menschen nicht er die Spielregeln vorgibt.

Genau so klar sollte aber auch sein, dass auch die Bedürfnisse des Hundes berücksichtigt werden und nicht komplett denen des Menschen untergeordnet werden. Auch die Bedürfnisse des Welpen müssen im Zusammenleben erfüllt werden. Ihr Hund möchte gerne buddeln? Das ist ein Grundbedürfnis vieler Vierbeiner und ganz natürlich und es wäre unfair, ihm das komplett zu verbieten. Stattdessen kann man ihm eine Buddelkiste in den Garten stellen und da das Buddeln erlauben, im Beet oder Rasen aber nicht. Das sind Regeln, die der Hund akzeptieren kann, „nein" für alles dagegen nicht. Dann wartet er irgendwann nur auf den Moment, der Beobachtung des ständig gängelnden Menschen zu entkommen. Eine feste Struktur gibt dem Welpen einen Rahmen, indem er sich bewegen kann und damit die erforderliche Sicherheit.

9.

Was sind Ihre Feen-Wünsche®

In den ersten Trainingsstunden mit Welpenbesitzern frage ich oft nach den Feen-Wünschen. So verschaffe ich mir einen Überblick über Erwartungen und Bedürfnisse der Menschen, idealerweise aller Familienmitglieder. Die Wünsche können auch unrealistisch sein, sie sollen die Vorstellungen von dem Leben mit Hund offenbaren.

Ein häufiger Wunsch:
Kind und Hund sollen gemeinsam etwas unternehmen.

Probieren Sie es doch direkt einmal aus – ohne lange zu überlegen, einfach aus dem Bauch heraus. Wenn Sie jetzt bei einer Fee drei Wünsche in Bezug auf Ihren Hund freihätten, welche wären das? Die Frage ist gar nicht so leicht und kann man sich immer stellen – egal, wie alt der Hund ist. Wenn das Gedankenkarussell vor lauter Überlegungen die Wünsche aktuell nicht ordnen kann, lassen Sie uns so anfangen: Was sollte Ihr erwachsener Hund idealerweise später können? Mit dieser Frage möchte ich nicht auf Grundgehorsam hinaus, sondern auf alltägliches Verhalten. Soll er Sie beispielsweise zur Arbeit begleiten? Oder fahren Sie oft mit öffentlichen Verkehrsmitteln? Oder begleiten Sie Ihr Kind am Wochenende immer zu Punktspielen der Fußballliga? Die Anforderungen an Welpen sind so individuell wie die Hunde selbst. Wenn Sie sich die oben erwähnten Fragen ganz in Ruhe stellen, kommen Sie oft auf mehr als drei Feen-Wünsche.

Es kommt bei dieser Aufgabe nicht darauf an, den Hund programmieren zu wollen. Das Ziel der Feen-Wünsche ist, die Prioritäten im Alltag mit dem Welpen richtig zu setzen. Wenn Sie beispielsweise Ihren Hund mit ins Büro nehmen möchten, dann ist es sinnvoll, dem Welpen früh eine Alltags-Struktur zu geben. Selbst dann, wenn Sie aktuell Urlaub haben. Je früher der Welpe zum Beispiel lernt, sich zu entspannen, desto schneller gelingt die Eingewöhnung im Büro. Wenn Sie möchten, dass Ihr Welpe in ein oder zwei Wochen ruhig unter Ihrem Schreibtisch liegt, dann sollten Sie ihm jetzt „Ruhe“ beibringen.

In meinen Welpenkursen nenne ich das immer „Hunde-Yoga“, wenn sowohl Mensch als auch Hund einfach nur mal dastehen oder sitzen sollen und nichts dabei tun. Kein Input von außen, keine Anforderungen wie Sitz oder Platz, einfach nur im Hier und Jetzt da sein. Das fällt den Menschen oft genau so schwer wie den kleinen Hunden. Ich halte es aber für sehr wichtig, dass Hundebabys auch das Nichtstun aushalten lernen. Wenn man bedenkt, welch hohes Schlaf- beziehungsweise Ruhebedürfnis ein Hund hat, tut man dem Hund auch noch einen Gefallen damit.

Ein weiterer Vorteil der Feen-Wünsche ist außerdem, dass man auch schnell feststellt, was unrealistisch ist oder wo große Differenzen in der Familie liegen. Die Frage nach den drei Wünschen funktioniert in jedem Alter des Hundes. Probieren Sie es gleich mal aus! Notieren Sie die drei Dinge, die Ihr Hund unbedingt können sollte und erstellen Sie dann, im besten Falle mit der Unterstützung durch eine gute Welpenschule, einen Trainingsplan.

10.

Lexikon

Im Verlauf des gesamten Buches schauen wir uns typische Fragestellungen von Besitzern junger Hunde an, viele davon stellt sich jeder Welpenhalter erfahrungsgemäß mindestens einmal. In diesem Kapitel habe ich im Stil eines Lexikons in alphabetischer Reihenfolge die typischen Welpenthemen aufgelistet. Wenn Sie zu konkreten Punkten einen Tipp benötigen, werden Sie hier fündig. Unter den jeweiligen Stichworten finden Sie kurze Erläuterungen zu den Dauerbrenner-Themen in der Welpenerziehung.

A wie Anspringen

Anspringen ist kein höfliches Verhalten von Hunden ist. Als klassische Kommunikationsform findet es unter Hunden nicht statt. Es gibt Anrempeln, Umrennen oder auch aneinander hochspringen. Aber dass der eine den anderen anspringt und das aus Höflichkeit gibt es in der Körpersprache der Hunde nicht.

Wenn ein Hund einen Menschen anspringt, handelt er demnach nicht instinktiv. Der Vierbeiner muss das Verhalten erlernt haben. Es wird doch aber niemand seinem Welpen beibringen einen anderen Menschen anzuspringen, denken Sie jetzt? Das ist richtig. Erlerntes Verhalten kann auch durch eine falsche Verknüpfung entstanden sein oder durch unbewusstes Verstärken einer Handlung. Sprich, der Hund muss das Anspringen als Erfolg verbucht haben. Ein Beispiel: Ein Welpe und ein Mensch treffen aufeinander. Es liegt in der Natur der Sa-

Ein häufig erlerntes Verhalten: Menschen anspringen führt zum Erfolg.

che, dass Personen unerreichbar hoch für den Hund sind. Viele hocken sich dann zu dem Welpen hinunter und streicheln ihn. Steht der Mensch dann wieder auf, springen viele Welpen am Hosenbein hoch. Das ist dann ein forderndes Anspringen im Sinne von „streichele mich weiter". Kommt der Mensch der Forderung dann nach und streichelt den Hund erneut, verstärkt er das Verhalten des Hundes und das ist dann die Geburtsstunde des Anspringens.

Erste-Hilfe-Tipp:

Korrigieren Sie das Anspringen nicht, sondern versuchen Sie, es gar nicht erst dazu kommen zu lassen. Zeigt Ihr Hund das unerwünschte Verhalten aber bei jedem Besuch? Dann halten Sie den Hund an der Leine und diese so kurz, dass er die Person nicht berühren kann. Ziehen Sie dies konsequent durch. Der Hund wird somit keinen Erfolg mehr mit der Handlung haben können und wird das einst ritualisierte Verhalten nicht mehr zeigen.

Oder haben Sie aktuell folgende Baustelle: Der Welpe springt andere Familienmitglieder an, wenn diese nach Hause kommen? Da gibt es zwei Möglichkeiten:

Variante 1:

Gehen Sie vorher in die Hocke und begrüßen auf diese Weise Ihren Hund. So können Sie verhindern, dass er Aufmerksamkeit fürs Hochspringen bekommt.

Variante 2:

Der Hund wird von einer zweiten Person angeleint und so daran gehindert, den nach Hause kommenden Menschen anzuspringen.

Überlegen Sie sich bitte bei beiden Varianten, wie denn das richtige Verhalten des Hundes aussehen soll. Trainieren Sie dann genau das. Es reicht Ihnen, wenn Ihr Hund mit allen vier Pfoten auf dem Boden bleibt? Dann belohnen Sie ihn genau dafür. Wie es etwa bei der Variante 1 der Fall ist. Sobald er aber mit der einen Pfote auf ihren Schoß krabbeln möchte, stehen Sie auf. Ist er wieder mit allen vier Pfoten auf dem Boden? Dann gehen Sie wieder in die Hocke und streicheln Sie ihn. So lernt Ihr Hund: wenn er alle vier Pfoten auf dem Boden behält, bekommt er Aufmerksamkeit.

Die zweite Variante eignet sich für Hunde, die zu stürmisch auf ihren Menschen zurennen, weil sie gelernt haben, dass Anspringen auf jeden Fall zu Aufmerksamkeit führt. Mit dem bloßen Anleinen des Hundes ist es aber nicht getan, denn es soll lediglich verhindern, dass der Hund das bereits erlernte Verhalten „ich renne stürmisch auf die Menschen zu und bekomme Aufmerksamkeit" weiter zeigen kann. Ideal wäre es, sich dem angeleinten Hund zu nähern und die Vokabel „Sitz" zu sagen. Sobald sich der Hund hinsetzt, wird er gestreichelt und mit der Stimme belohnt. Springt der Hund wieder an dem Menschen hoch, entfernt sich der Mensch rückwärts. Setzt sich der Hund darauf wieder, bekommt er wieder Aufmerksamkeit des Menschen. So kann der Welpe lernen, welches Verhalten zum Erfolg führt.

A wie Allein bleiben

Hunde sind Rudeltiere. Allein zu bleiben ist zunächst einmal ein für sie unnatürliches Verhalten, weshalb es früh trainiert werden sollte. Um den geeigneten Zeitpunkt für dieses Training zu finden, sollten Sie zunächst einmal schauen, welchen Trainingsumfang Ihr Welpe in puncto Alleinbleiben schon vertragen kann. Dem einen Hund fällt es leichter, für eine gewisse Zeit ohne seine Menschen zu sein, dem anderen wesentlich schwerer.

Wann sollte man mit dem Alleinbleib -Training starten? Wenn Sie in absehbarer Zeit den Welpen stundenweise allein lassen müssen, sollten Sie mit der Gewöhnung früh starten. Wenn Sie kurzfristig Ihren Hund nicht länger allein lassen müssen, steht dieses Training erstmal nicht ganz oben auf der To-Do Liste und wir können uns erstmal relativ entspannt zurücklehnen. Eine Gewöhnung mit kurzen Intervallen ist aber auch da sinnvoll, damit der Hund vor der Pubertät das Alleinsein schon kennen gelernt hat. Dazu zählen selbst kleinste Sequenzen des Alleinlassens wie etwa, den Müll ohne Begleitung des Hundes rauszutragen oder kurz zum Briefkasten zu gehen – oder auch der Gang ins Badezimmer. Ihr Vierbeiner muss sich an diesen Zustand erst gewöhnen. Steigern Sie die Intervalle sehr kleinteilig und wählen Sie die Zeitfenster mit Bedacht aus. Trainieren Sie nur so viel, wie Ihr Hund vertragen kann.

Registriert Ihr Hund, dass Sie das Haus verlassen, misst dem aber keinerlei Bedeutung bei? Dann steigern Sie das zeitliche Intervall. Steigern Sie die Dauer des Mülles herausbringen auf drei Minuten. Nimmt Ihr Hund Notiz von Ihrem Verlassen des Hauses und beginnt sofort zu jaulen oder zu bellen?

Dann erhöhen Sie die Intensität, aber nicht das zeitliche Intervall. Verlassen Sie also häufiger die Wohnung oder das Haus, aber erhöhen Sie die Dauer noch nicht.

Ist Ihr Welpe erst bei Ihnen eingezogen und Sie sind unsicher, wie er auf das Alleinsein reagieren wird? Dann lassen Sie ihn für kurze Zeit im Auto, vielen Hunden fällt dies wesentlich leichter, da sie das Gefühl haben, „trotzdem dabei zu sein". Und der Mensch sieht es oft als selbstverständlich an, das Auto kurz zum Tanken oder auf dem Weg zum Bäcker zu verlassen. Diese Gelassenheit färbt dann auch auf den Hund ab. Und umso selbstverständlicher der Mensch Erledigungen oder Handlungen sieht, desto selbstverständlicher wird sie auch der Hund auffassen.

Bitte beachten Sie die Grundvoraussetzungen, wenn Sie Ihren Hund im Auto allein lassen. Die Temperaturen müssen es zulassen (er darf keiner Gefahr ausgesetzt sein) und er muss gut gesichert sein, sodass er sich in Ihrer Abwesenheit nicht verletzen kann.

B wie Beißen

Wir haben ja bereits festgestellt, dass durch das gemeinsame Spiel Welpen die Beißhemmung lernen und ihre Zähne einzusetzen, ohne einem anderen Verletzungen zuzufügen. Tut es mal weh, quietscht der andere Welpe und der Artgenosse wird seine Handlung unterbrechen.

Unsere Hunde akzeptieren uns als vollwertigen Sozialpartner und sind sich gleichzeitig darüber bewusst, dass wir keine Artgenossen sind. Deshalb müssen wir auch keine Spiele mit ihnen austragen, in denen es um Beißhemmung geht. Setzen Sie von Anfang an eine klare Grenze. Lassen Sie den Welpen nicht an Ihren Händen und Füßen herumknabbern oder beißen. Sollte er das Verhalten dennoch zeigen, beenden Sie sofort das

Welpen sind schnell zu begeistern: Viele finden Apportier-Spiele toll.

Spiel oder das Streicheln. So wird Ihr Hund lernen, dass ein Spiel oder die Kuscheleinheit beendet wird, sobald seine Zähne zum Einsatz kommen.

B wie Beschäftigen

Für Hunde gehört zu einem artgerechten Leben auch eine artgerechte Auslastung – im Idealfall gemeinsam mit dem Halter oder anderen Familienmitgliedern – dazu. Nicht jeder Vierbeiner hat an den gleichen Dingen Freude. Das kennen wir von uns. Der eine spielt leidenschaftlich gerne Volleyball, für den anderen gehören Skat-Abende zum Lebensglück. Genauso ist es auch bei unseren Hunden. So lieben Retriever es in der Regel, ihren rassenspezifischen Veranlagungen nachzukommen und Dummys in allen Variationen zu apportieren. Die Begeisterung von Dackeln oder Terriern kann man hingegen oft gut mit Futter-Suchspielen wecken. Bewegungsfreudige Hunde wie etwa Dalmatiner kann man mit kontrollierten Jagdersatzhandlungen wie etwa dem Training mit der Reizangel (sie lassen unter kontrollierten Bedingungen den Hund hinter einem Gegenstand wie etwa einem Dummy hinterherhetzen) gut beschäftigen. Wichtig hierbei: ziehen Sie bei dem Training mit der Reizangel unbedingt einen Hundetrainer zu Rate. Hierbei geht es nicht um das bloße Hinterherrennen, sondern um eine gemeinsame Jagd von Mensch und Hund. Der eine mag sich gerne körperlich austoben, andere Vierbeiner schnüffeln für ihr Leben gerne und wieder andere suchen und bringen ihrem Menschen gerne Dinge wie zum Beispiel einen Futterdummy. Hunde können auch mal richtig albern sein. Wie sieht ein Hund aus, der albern ist? Er zeigt unter anderem die Handlung „so tun als ob". Haben Sie die Situation vor Augen? Täuschen Sie mal ein Rennspiel an und bewegen Sie Ihre Beine ohne richtig zu starten. Häufig imitieren die Hunde das Verhalten.

D wie auf die Decke schicken

Die Vokabel „Decke" oder „Körbchen" ist für mich aus einem guten Welpen-Training nicht wegzudenken. Oft haben Menschen eine Scheu, ihren Hund irgendwohin zu schicken oder abzulegen. Viele Welpenbesitzer interpretieren es als Zurückweisung gegenüber ihrem Hund und sehen es als Strafe an. Das Signal „gehe auf deine Decke" soll aber nicht als Korrektur, sondern als Entspannung dienen.

Die Zeit im Körbchen oder dem Kuschelplatz soll zur Erholung dienen und den Hunden von Aufgaben a là „Bewache das Haus", „Hüte die kleinen Kinder" oder „Jage Vögel im Garten" und dergleichen entbinden. Das ist wie bei uns, wenn wir von einem gemütlichen Winterspaziergang nach Hause kommen und unser Partner bietet uns an, uns zum Entspannen auf die Couch zulegen, während er oder sie das Mittagessen zubereitet. Eine verlockende Vorstellung, oder? Mit der gleichen Motivation

Das Liegen auf der Decke soll keine Strafe sein: der Hund soll es positiv verknüpfen.

können Sie Ihren Welpen auf seine Decke schicken. Das Schicken auf die Decke erfordert Training – und sollte Schritt für Schritt aufgebaut werden. Vor dem oder parallel zum eigentlichen Trainingsaufbau „Geh auf die Decke“ können Sie Ihren Hund aber schon an seinen Liegeplatz (Körbchen oder Decke) gewöhnen, beispielsweise durch eine besonders leckere Belohnung wie etwa einen gefüllten Kong oder eine für Welpen geeignete Kaustange. Es empfiehlt sich, den Hund dafür dort am Brustgeschirr und kurzer Leine anzuleinen, um zu verhindern, dass er mitsamt dem Super-Goodie den Platz wechselt. Der Lernerfolg soll sein: Ausschließlich auf diesem tollen Platz gibt es die Super-Belohnung.

Wie trainiert man die Vokabel „Geh auf deine Decke“?

Legen Sie dafür zunächst das Signal fest, zum Beispiel „Decke“.

Schritt 1:

Werfen Sie das Leckerli auf die Decke, sobald Ihr Hund den Keks frisst, sagen Sie „Decke“ und loben ihn zusätzlich mit einem weiteren Wort wie „prima“ oder „fein gemacht“. Bevor er die Decke wieder verlässt (was er wahrscheinlich ziemlich schnell tun wird) erteilen Sie ihm die Freigabe dafür. Wählen Sie dazu eine Vokabel wie „okay“ oder „frei“. Diese Freigabe dient zum Auflösen des Signals. Diesen Schritt wiederholen Sie an drei aufeinander folgenden Tagen jeweils 10 bis 15 Mal.

Schritt 2:

Sie stellen sich direkt an die Decke, zeigen mit der geöffneten flachen Hand dorthin (ohne Leckerli in der Hand) und animieren Ihren Hund mit der Stimme, dorthin zu gehen. Sobald er auf die Decke geht, sagen Sie das Wort „Decke“ und geben ihm aus der anderen Hand eine Belohnung und loben ihn wieder überschwänglich. Denken Sie bitte auch hier an die Auflöse-Vokabel. Schritt zwei ersetzt dann Schritt eins. Bitte trainieren Sie auch diesen an drei aufeinander folgenden Tagen jeweils 10 bis 15 Mal.

Schritt 3:

Der nächste Schritt ersetzt den Schritt 2. Bei dieser Aufgabe verwenden Sie das erste Mal die Vokabel Decke so, dass Ihr Hund auf dieses Wort hin die Handlung ausführt.

Stellen Sie sich wieder nah an die Decke, dieses Mal zeigen Sie auf die Decke und sagen zeitgleich die Vokabel „Decke“. Geht Ihr Hund nun auf seinen Liegeplatz? Ein toller Erfolg! Er sollte deshalb sofort ein Leckerli von Ihnen erhalten, belohnen Sie ihn auch zusätzlich wieder mit der Stimme. Lösen Sie das Signal direkt nach der Leckerligabe mit dem Wort „frei“ oder „okay“ wieder auf. Wiederholen Sie diesen Schritt an drei aufeinander folgenden Tagen etwas 10- bis 15-mal.

Schritt 4:

Wenn Ihr Hund auf das Signal „Decke“ hin auf seinen Platz geht, ist es an der Zeit die Verweildauer auf der Decke zu verlängern. Sobald Ihr Hund auf das Signal„Decke“ hin auf den Platz gegangen ist, verzichten Sie ab jetzt auf die unmittelbare Gabe eines Kekses, belohnen Sie ihn zunächst nur mit der Stimme. Bleiben Sie direkt neben der Decke stehen oder setzen sich direkt daneben auf einen Stuhl. Den Belohnungs-Keks bekommt Ihr Hund jetzt erst etwas zeitverzögert, circa 30 Sekunden später. Durch das verzögerte Belohnungsleckerli lernt der Hund, dass sich das Warten auf der Decke lohnt. Warten Sie wieder etwa 30 Sekunden und geben Ihren Hund dann mit Ihrem Freigabe-Wort frei. Steigern Sie im Verlauf die Verweil-Dauer auf der Decke. Parallel zu diesem sehr kleinteiligen Training „Geh auf die Decke“ können Sie wie oben beschrieben durch die Gabe eines Kongs Ihrem Hund den Aufenthalt auf der Decke ebenfalls im wahrsten Sinne des Wortes schmackhaft machen.

F wie Freilauf

Viele Menschen assoziieren mit einem angeleinten Hund etwas Negatives. Oft kommen aber skeptische Fragen von Passanten wie: „Darf Ihrer nicht spielen? oder „Ein Hund muss doch auch mal rennen.“ Dabei ist die Leine an sich nichts Negatives, denn sie ist die Verbindung zwischen Mensch und Hund, an der natürlich nicht gerissen oder geruckelt wird, sie dient lediglich der Sicherheit.

Ab wann darf der Hund denn eigentlich frei laufen? Im Optimalfall sollte der Hund vor dem ersten Freilauf ein Rückrufwort beherrschen. Der Hund sollte also lernen, auf ein Wort hin wieder zu Ihnen zurückzukommen.

Hunde sehen zwar Bewegungsfreiheit als großes Privileg an, doch diese obliegt erst einmal dem „Ranghöheren“, der Gefahren richtig einzuschätzen und zu bewerten weiß. Ein Welpe wäre damit überfordert. Ähnlich wie ein zweijähriges Kind, das eine sechsspurige Fahrbahn allein überqueren soll. Physisch wäre es dazu in der Lage, aber die Gefahren könnte es nicht abschätzen, weshalb man es an die Hand nimmt. Einen Welpen ohne Leine laufen lassen kann gut gehen – muss aber nicht.

Gehen wir noch auf den Folgetrieb ein? Den gibt es zwar, hört aber auch abrupt wieder auf. Das Gemeine daran: der Welpe informiert uns nicht darüber ab wann. Der gleiche junge Hund, der noch am Tag zuvor seinem Frauchen wie einer Gänsemutter auf Schritt und Tritt folgte, erweitert plötzlich seinen Radius und ist dann nicht mehr abrufbar.

Auf der Suche nach dem nächsten Abenteuer: Ein nicht angeleinter Welpe.

Selbstbelohnendes Verhalten: Auch wenn Rosalie hier beim Buddeln keine Maus erwischt, speichert sie es als eigenständiges Jagen ab.

Geben Sie Ihrem Hund mit Hilfe einer Schleppleine einen von Ihnen vorgegebenen Bewegungsradius. Parallel trainieren Sie den Rückruf. Je besser und sicherer dieser funktioniert, desto früher können Sie Ihrem Hund den Freilauf gewähren.

Dieses zeitaufwendige und intensive Training wird Ihr Hund Ihnen mit einer starken Bindung und Vertrauen danken. Natürlich ist das Handling mit einer Schleppleine mühsam. Diese Zeilen sollen Sie zum einen ein Stück entlasten. Es braucht alles seine Zeit. Zum anderen soll es aber auch unsere Verantwortung als Hundebesitzer zeigen. Unsere Hunde leben in Abhängigkeit von uns. Wenn die Aufgaben nicht klar verteilt sind, überfordern wir unsere Hunde mit dem Freilauf und bringen im schlimmsten Falle nicht nur den eigenen Vierbeiner, sondern auch andere unbeteiligte Lebewesen in Gefahr. Bedenken Sie: der sichere Aufbau eines Rückruf-Wortes muss vor dem Freilauf kommen erfolgen. Ein zuverlässiger rückrufbarer Hund ist der Lohn für die Mühe eines solchen Trainings.

G wie Gassigehen

Für den Hund bedeutet der Gang in die Natur immer ein Abenteuer: er schnüffelt, er beobachtet Artgenossen, er verwaltet Ressourcen, er markiert Reviere. Ein Auslauf in der Natur ist für ihn der Inbegriff von Jagen. Damit Mensch und Hund später auch einen Freilauf genießen können, ist es wichtig, dass die Aufgaben von Anfang klar und verlässlich verteilt werden. Und diese Aufgaben werden sowohl im häuslichen Bereich als auch draußen in der Natur verteilt beziehungsweise ausgeführt. Sie können also auf jedem Gassi-Gang aktiv etwas dafür tun, dass der Weg zum Freilauf kürzer wird.

Fragen Sie sich jetzt vielleicht, welche Aufgaben Sie verteilen sollen? Für Ihren Welpen sind Fragen wichtig wie „Wer kauft ein?“ oder anders formuliert: „Darf ich selbstständig jagen?“

Denken Sie immer daran – manchmal müssen wir hündisch denken: Wenn Ihr Welpe Zuhause von Ihnen oft das Bällchen geworfen bekommt und er brav hinterher rennt, es aber nie zurückbringt, dann jagt er selbstständig. Wenn also dann auf einem Spaziergang statt eines Bällchens ein Reh vorbeiläuft, wird der Hund unter Umständen auch eigenständig entscheiden, ob ihm er hinterherläuft.

Anfangs bedeutet der Gassigang für den Welpen etwas Ungewisses und viele fürchten sich davor, das sichere Umfeld zu verlassen. Bei Ausflügen kann er sich an seinem Menschen orientieren. Dafür strukturieren Sie den Gassi-Gang am besten logisch und nachvollziehbar und bieten Ihrem Vierbeiner einen Rahmen, der ihm Sicherheit vermittelt. Unterteilen Sie den Ausflug dazu am besten in drei Abschnitte.

Abschnitt 1:

Ausgiebiges Schnüffeln, Kontaktaufnahme mit anderen Menschen und Hunden.

Abschnitt zwei:

Erste sehr kurze Elemente des „gut an der Leine Gehens“. Überfordern Sie Ihren Welpen nicht.

Das macht Spaß: Welpe Scotty schnüffelt auf dem Spaziergang ausgiebig.

Abschnitt drei:

Sie schlendern gemütlich mit Ihrem Welpen von A nach B, ohne stehen zu bleiben (also kein Schnüffeln).

Welche Vorteile haben diese Abschnitte? Wenn der Welpe am Anfang lernt, dass er überall schnüffeln und hinziehen darf, wird er die Handlung auf einem Spaziergang jedes Mal wiederholen. Durch Ziehen hätte er dann Erfolg, das Schnüffeln. So kann später das Problem „Ziehen an der Leine“ entstehen.

Bei der Dauer des Spaziergangs empfehle ich die Orientierung an die die goldene Bewegungsregel: maximal fünf Minuten pro Lebensmonat. Das wären bei einem acht Wochen alten Welpen zehn Minuten Gassi-Gänge. Die Befolgung der Regel schont den Bewegungsapparat des jungen Hundes und beugt Überforderung vor, denn bei zu langen Spaziergängen können nicht mehr alle neuen Eindrücke verarbeitet werden.

Als Besitzer hat man den Erziehungsauftrag für den Welpen: Der Mensch gibt Sicherheit und Orientierung.

G wie Grenzen setzen

Wer erzieht eigentlich einen Welpen? Bis zu dem Tag, an dem die Vierbeiner in ihre neuen Familien ziehen, übernimmt diese Aufgabe die Mutter. Sehr konsequent und klar zeigt sie ihren Welpen, was in Ordnung ist und was nicht. Hat die Hündin beispielsweise einen Knochen zum Kauen, wird sie ihren Welpen durch Knurren signalisieren, dass sie nicht teilt.

Ab dem Einzug Ihres Welpen haben Sie den Erziehungsauftrag für das junge Hundeleben. Keine andere Familie, keine anderen Hunde haben diese Aufgabe – nur Sie ganz allein. Erziehung bedeutet für mich ein Konstrukt aus Strukturen und Regeln, das dem Hund Sicherheit und Orientierung geben soll.

Grenzen setzen hat nichts mit Strenge zu tun. Vergleichen wir es mal so: Einem Kleinkind muss man auch verbieten, auf die heiße Herdplatte zu fassen. Es ist unsere Pflicht, das Kind zu schützen. Also die Regel „Fasse nicht auf die heiße Herdplatte“ ist für die Sicherheit unabdingbar. So ist es auch beim Hund: „Springe nicht ohne ein Signal von mir aus dem Auto“ ist für mich eine Grenze setzen, die dem Hund Sicherheit und Orientierung gibt.

Hunde lieben klare Regeln. Überlegen Sie sich ein Regelkonstrukt, welches Sie dem Hund vermitteln. Ihr Hund wird sie nicht weniger lieben, nur weil Sie Grenzen setzen. Im Gegenteil: Er wird Sie als zuverlässigen Partner sehen, auf den er sich immer verlassen kann.

H wie Halsband oder Brustgeschirr

Es gibt immer wieder Diskussionen, ob das Halsband oder das Brustgeschirr mehr Schaden als Nutzen für die Halswirbelsäule des Hundes anrichtet. Wenn man als Mensch daran zieht, werden beide Varianten zur Qual für den Hund. Deshalb lehne ich Leinenruck als Erziehungsmethode komplett ab und kann deshalb sowohl das Halsband als auch das Brustgeschirr wärmstens empfehlen.

In meinen Welpenkursen tragen die Kleinen sogar beides, da sowohl das Halsband als auch das Geschirr unterschiedlich zum Einsatz kommen. Gerade für das Führen mit der Schleppleine ist das Brustgeschirr zu empfehlen, da man auch bei noch so großer Vorsicht nicht verhindern kann, dass ein Welpe in die Leine rennt. Aus diesem Grund sollte die Schleppleine ausschließlich am Geschirr befestigt werden.

An Halsband und kurzer zwei Meter Leine trainiere ich ausschließlich das gute Gehen. Dies hat sich in der Praxis als sehr wirksam erwiesen. Gerade bei dem Training mit einem Welpen verschwimmen oft die Grenzen von gutem Gehen und dem verständlichen menschlichen Gedanken wie „Ach jetzt geht er endlich mal flott, jetzt mag ich nicht auf Leinenführung achten". Ein Beispiel: Sie nehmen sich gerade vor, das aufgebaute lockere Gehen an der Leine aus der Hundeschule jetzt auf dem gewohnten Gassigang zu üben. Nach den ersten zwei Metern sieht Ihr Hund aber am Horizont seinen besten Freund – und mit seiner Konzentration ist es vorbei. Und hier sind wir wieder bei der schon beschriebenen so wichtigen Konsequenz. Sie müssen nicht auf Teufel komm raus irgendeine Übungssequenz durchziehen. Es spricht nichts dagegen, dass Ihr Hund seinen besten Freund begrüßt. Es darf nur nicht so sein, dass Ihr Hund die Übungssequenz eigenständig unterbricht, weil er seinem Kumpel Hallo sagen muss. Ein junger Hund lernt fürs Leben. Zeigen Sie Ihrem Hund von Anfang an, dass Sie eine Übung beginnen und beenden und die wichtigen Entscheidungen treffen.

Zurück zu unserem Beispiel: Sie üben gerade am Halsband und an kurzer Leine mit Ihrem Welpen das „Gehen an lockerer Leine". Nun sehen Sie am Horizont den Nachbarshund, zudem Sie Ihren Hund gerne lassen würden. Die zwei spielen immer schön miteinander. Jetzt gibt es zwei Optionen:

Möglichkeit A:

Sie üben das „gute Gehen" weiter und bitten Ihren Nachbarn, darauf Rücksicht zu nehmen, indem er seinen Hund nicht zu Ihrem laufen lässt. Nach abgeschlossener Übung dürfen die Hunde sich dann begrüßen.

Möglichkeit B:

Sie bleiben stehen, lösen den Karabinerhaken der Leine vom Halsband und befestigen ihn stattdessen am Brustgeschirr und lösen das vorher geübte „gute Gehen" mit einer Vokabel wie „okay" auf.

Ein gut sitzendes Geschirr ist für den Hund nicht störend: Livia und Ellie haben Spaß beim Einüben eines Tricks.

Sie fragen sich jetzt, warum Sie den Hund vom Halsband ans Brustgeschirr umschnallen sollen? Hunde sind Meister im Beobachten. Wir haben uns schon gemeinsam angeschaut, wie wichtig Konsequenz ist. Mit einem „Ja- Nein-Vielleicht“ kann der Welpe nichts anfangen. Deshalb hilft Ihrem kleinen Hund das konsequente „Umschnallen“ sehr beim Lernen von Leinenführung. Er speichert dann ab, dass er am Halsband seine Menschen nicht überholen darf. Und andersherum, dass er am Brustgeschirr einen größeren Radius zur Verfügung hat.

Ganz nebenbei ist der Wechsel der beiden Varianten auch eine große Hilfe für Sie persönlich. Wenn man als Hundehalter den Karabinerhaken aktiv wechselt, um etwas gezielt zu üben, dann achtet man noch einmal konsequenter auf die korrekte Ausführung des Trainings.

Viele Kunden berichten mir, dass Sie sich mit dieser Methode sattelfest fühlen. Denn egal, welche überraschenden Reize von außen bei der Übung „gehe an lockerer Leine“ auftauchen, Sie haben immer die Möglichkeit, durch Wechseln des Karabinerhakens die Übung sauber und konsequent zu unterbrechen oder eben zu pausieren.

I wie Ignorieren

Bei diesem Punkt kann man sich von souveränen erwachsenen Hunden einiges abschauen. Diese sind nämlich wahre Meister in dieser Disziplin und ignorieren Welpen bei der ersten Begegnung recht häufig. Viele Menschen werten dieses Verhalten als unfreundlich. Dabei bedeutet es das Gegenteil. Ignoranz ist in der Kommunikation unter Hunden Akzeptanz. Denken Sie daran, dass wir manchmal hündisch denken müssen.

Wir leben und kommunizieren natürlich mit unseren Hunden anders, als es die Artgenossen untereinander tun würden. Und dennoch können wir von diesem Verhalten einiges lernen. Probieren Sie es doch mal aus: Sie kommen nach Hause und ignorieren zunächst mal Ihren Hund. Ich bin sicher, dass es Ihnen schwerer fallen wird als Ihrem Hund. Und das ist ganz natürlich.

In der Kommunikation unter Menschen gilt Ignoranz als unhöflich oder arrogant. Wenn wir mit jemandem sprechen und dieser ignoriert uns, ist das unhöflich, kränkend und respektlos. Und hier liegt wohl eines DER Missverständnisse zwischen Mensch und Hund. Wenn wir unseren Welpen für eine kurze Zeit ignorieren, dann wertet er dies weder als unhöflich noch als respektlos, sondern als Führungsqualität.

Wenn Sie es beim Nachhausekommen nicht übers Herz bringen, Ihren Hund nicht zu begrüßen, versuchen Sie doch mal, sein Fordern im Alltag zu ignorieren. Hat Ihr Hund Sie schon mal durch Anstupsen animiert, ihn zu streicheln? Probieren Sie es doch mal bei der nächsten Gelegenheit aus und reagieren darauf nicht. Ihr Hund wird es Ihnen garantiert nicht übelnehmen, sondern registrieren, dass Sie Führungsqualitäten haben.

Fragen Sie sich, was Ignorieren mit Management-Qualitäten zu tun hat? Ihr Hund darf Sie nicht manipulieren beziehungsweise lernen, dass er Sie zu einer Entscheidung lenken kann; er darf Sie anstupsen und Sie dürfen auch darauf reagieren. Aber eben nicht immer. Probieren Sie es mal aus!

Meinst du das ernst? Welpen finden nicht alle Entscheidungen des Menschen gut.

K wie konsequent

Für mich ist das Wort konsequent ein sehr positiv belegtes Wort. In Wahrheit sind Hunde kleine Spießer. Sie lieben Strukturen und Verlässlichkeit. Und genau diese Attribute verbinde ich mit dem Wort Konsequenz. Hunde können schlecht mit ambivalenten Verhalten des Menschen wie „heute ja", „morgen nein" und „übermorgen vielleicht" umgehen. Sie orientieren sich an dem Menschen, der verlässlich, klar und strukturiert handelt.

Denn das gibt einem Welpen Sicherheit. Als Welpenbesitzer trifft man täglich auch mal unpopuläre Entscheidungen. Zum Beispiel dann, wenn man verhindert, dass der kleine Hund Eicheln vom Boden aufnimmt, den Schuh anknabbert oder aus dem Auto springt. Aber seien Sie gewiss, all Ihre Regeln und Entscheidungen geben Ihrem Welpen Sicherheit und er wird Sie gerade deswegen noch viel mehr lieben.

L wie Leinenführigkeit

Das gute Gehen an der Leine ist eines der komplexesten Themen in der Hund-Mensch-Beziehung. Grundsätzlich handelt es sich beim Laufen an der Leine um eine unnatürliche Sache für den Hund. Er muss es schlicht lernen.

Da die Handlung für den Vierbeiner zunächst ungewohnt ist, wird beim „gut an der Leine laufen" viel vom Hund verlangt. Fragen Sie sich, wo die Schwierigkeit liegt? Für uns bedeutet das gute Gehen „nur", dass wir auf gleicher Höhe mit unserem Hund gehen und die Leine entspannt durchhängt. Ein Welpe ist bei dieser Aufgabe deutlich mehr gefordert.

Unser langsames und gleichmäßiges Tempo fällt ihnen schwer – und es ergibt für sie überhaupt keinen Sinn, neben jemand her zu laufen. Sie müssen daher erst lernen, dass dies vom Menschen gewünscht ist und sich für sie lohnt.

Eine als ideal empfundene Leinenführigkeit ist nicht von heute auf morgen gelernt. Es braucht Vertrauen, Sicherheit und Zeit. Kein Hund wird über Nacht perfekt an der Leine laufen. Und gerade deshalb sollten Sie bei diesem Thema nicht nach Perfektion streben und sich Zeit lassen.

Zieht Ihr Hund dauerhaft an der Leine? Dann ist es sinnvoll, gemeinsam mit einem Hundetrainer zu schauen, wo die Ursachen dafür liegen. Manchmal muss man im übertragenen Sinne nur an ein paar Stellschrauben drehen und sieht unmittelbare Fortschritte. Welche Gründe gibt es? Der wohl häufigste Grund: Der Hund hat gelernt, dass er schneller vorankommt, wenn er zieht. Zum Beispiel in Situationen, in denen er unbedingt zu einem Menschen oder Hund hinwollte, deswegen in diese Richtung prescht und sich in die Leine hängt. Sein Mensch am anderen Ende ist dem nachgekommen und ging oder lief seinem Hund hinterher. Der Hund verknüpft: ich ziehe an der Leine und komme zum Ziel.

Häufig zögern Welpen, gerade kurz nach dem Einzug, überhaupt an der Leine zu gehen. Sie trödeln hinter ihrem Menschen und zeigen sich eher unsicher und abwartend. Wenn der gleiche Welpe dann plötzlich Elan an der Leine zeigt und zu einem bestimmten Reiz hinmöchte, ist es aus Sicht des Menschen verständlich, dass man ihn da hinlässt; froh darüber, dass er überhaupt irgendwo geht. Doch mag der Welpe auch noch so klein sein, er speichert bei Erfolg seiner Handlung sofort die Lernerfahrung ab: Möchte ich irgendwo hin, lohnt es sich für mich, den Radius der Leine voll auszunutzen. Das Ziehen an der Leine könnte auch eine jagdliche Motivation sein. Diese Hunde haben dann permanent „gute Gerüche“ in der Nase und möchten eigenständig eine Spur verfolgen und empfinden das andere Ende der Leine eher störend. Wieder andere sind territorial motiviert und wollen möglichst viele Duftmarken hinterlassen. Das sind oft die Hunde, die pendelnd von der einen Seite zur anderen Gehwegseite wechseln, um möglichst viel Strecke zu machen. Leinenführigkeit benötigt Geduld und viel Training. Manchmal begegne ich Menschen, die ein Leckerli in der Hand halten und so ihren Hund ganz dicht an ihrem eigenen Bein laufen lassen, indem dieser nach dem Leckerli giert und nur auf die Hand schaut. Gerade zu Beginn des Trainings kann das Locken mit Futter hilfreich sein, um dem Hund zu zeigen, was erwartet wird. Es sollte jedoch nicht zur Dauerlösung werden, sondern als Erste-Hilfe-Maßnahme angesehen werden. Im weiteren Trainingsverlauf sollte Futter nicht als Bestechung, sondern als Belohnung verwendet werden. Es ist nichts dagegen einzuwenden, seinen Welpen in den ersten Tagen mit einem Keks zu locken, damit er an der Leine vorwärtsgeht. Im Laufe der nächsten Wochen ist es dann aber sinnvoll, seinem Hund den Keks immer als Belohnung zu geben, weil er gut geht und nicht damit er gut geht. Ansonsten läuft man Gefahr, dass der Hund gar nicht weiß, was von ihm erwartet, sobald man den Keks weglässt. Das gute Gehen ist für den Hund sehr komplex und erfordert völliges Vertrauen in seine Menschen und umgekehrt.

Unter G wie Gassi gehen habe ich die drei Spaziergang-Strukturen erläutert. Diese könnten Sie als Erste-Hilfe-Tipp auch für das gute Gehen an der Leine anwenden. Gerade bei Welpen gilt auch hier wieder: lieber kurze Intervalle wählen, um den Hund nicht zu überfordern. Sie werden auch nicht immer verhindern können, dass Ihr Welpe zieht. Jeder junge Hund rennt mal in die Leine.

Erste-Hilfe-Tipp:

Hat Ihr kleiner Hund ein bestimmtes Ziel im Blick, wie etwa eine bekannte Person,

Die Leine spannt? Bleiben Sie stehen, bis Ihr Hund wieder nach Ihnen schaut.

Zu Beginn des Trainings völlig in Ordnung: Locken Sie Ihren Hund mit einem Leckerli.

Ihr Hund zögert an der Leine? Geben Sie ihm kurz Zeit, die Reize zu verarbeiten.

einen anderen Hund oder eine Pusteblume – lassen Sie sich dort nicht hinziehen. Sprechen Sie Ihren Welpen an und locken Sie ihn mit der Stimme zu sich und loben Sie ihn verbal, wenn kein Zug auf der Leine ist. Als Belohnung setzen Sie Ihren Weg dann gemeinsam fort. Ganz wichtig: Gehen Sie wirklich erst dann weiter, wenn kein Zug mehr auf der Leine ist.

M wie Mut zur Lücke

Ihr Hund widmet Ihnen sein ganzes Leben. Gerade im ersten Lebensjahr wird es immer Berg- und Talfahrten geben. Oder anders ausgedrückt: Es wird Trainingskurven geben, mal läuft es sehr gut, mal tauchen wieder Fragen auf.

Lassen Sie sich auf keinen Wettstreit mit anderen Besitzern ein.

„Wie, dein Hund kann noch kein Platz?“ Oder „Wieso kannst du deinen noch nicht allein lassen?“ Solche Kommentare können Sie guten Gewissens ausblenden. Eine glückliche Mensch-Hund-Beziehung hängt nicht davon ab, wie viele Vokabeln abgerufen werden können. Setzen Sie sich nicht unter Druck.

Beherrscht der Welpe die Vokabel „Aus“ noch nicht zuverlässig? Lassen Sie sich nicht unter Druck setzen.

Zeit für Spaß: Seien Sie ein Spielpartner für Ihren Hund.

Viele Trainingswege führen zum Erfolg. Eines ist sehr wichtig: Bleiben Sie Ihrer gewählten Linie treu, sonst verwirren Sie Ihren Hund.

S wie Spaß und Spiel mit Ihrem Welpen

Sie sind das Universum für Ihren Hund. Er hat nur Sie als Familie. Wer, wenn nicht Sie, sollten sein adäquater Spielpartner werden?

Ein Hund spielt, wenn er sich sicher fühlt. Zeigen Sie Ihrem Vierbeiner, dass er sich bei Ihnen sicher fühlen kann.

Spiel ist auch eine Form der Beschäftigung. Eine sinnvolle und artgerechte Beschäftigung mit Ihrem Welpen erleichtert den zuverlässigen Rückruf. Wenn der Welpe früh merkt, dass sein Mensch draußen in der Natur tolle Ideen hat, wird er schneller und verlässlicher auf ein Wort hin zurückkommen, als wenn der Welpe nur ohne seine Menschen Beschäftigung oder Spiel erfährt.

Wenn sich auf Ihren Spaziergängen die Möglichkeit eines innerartlichen Spieles ergibt, ist das wundervoll. Eine gute Begegnung von zwei Welpen ist gewinnbringend. Aber Sie müssen sich nicht selbst unter Druck setzen. Ihr Welpe benötigt keine durchgetakteten Play-Dates mit anderen Hunden. Er lebt bei Ihnen und Sie sind sein Lebensglück.

Bei einem Spiel von Mensch und Hund sollten beide Freude haben. Es ist kein Machtkampf, der zeigen soll, wer der Stärkere ist. Prinzipiell können Sie beim Spiel nichts falsch machen. Ich persönlich finde jedoch, dass Zergelspiele mit Vorsicht zu genießen sind und je nach Veranlagung nicht jeder Welpe sie verträgt. Wenn er sich dabei versteift, mit dem Blick fixiert, wirklich drohend knurrt, wählen Sie lieber ein anderes Spiel aus. Die meisten Hunde lieben zum Beispiel Futter-Such-Spiele. Sie können kleine Futterstücke im Laub oder im Gras verstecken. Mit Hilfe der Nase erspäht Ihr Welpe dann die Leckereien. Lassen Sie Ihrer Kreativität ruhig freien Lauf.

Fast alle Suchspiele sind auch in geschlossenen Räumen möglich und eine gute Beschäftigungsmöglichkeit bei schlechtem Wetter. Probieren Sie es doch gleich mal aus und verstecken Sie in einem mit Zeitungspapier gefüllten Schuhkarton verschiedene Futterstücke und lassen Ihren Hund diese auf Ihren Befehl hin suchen. Alles, wobei der Welpe seine Nase einsetzen muss, bereitet ihm generell Freude. Und diese Beschäftigung ist ein schöner Start ins gemeinsame Spiel. Sollte Ihr Welpe plötzlich jegliche Art von Zeitungspapier auf dem Speiseplan haben, verstecken Sie die Hundekekse stattdessen in einem ausrangierten Bettlaken.

Auf Sie und Ihren Welpen warten noch viele gemeinsame Abenteuer. Starten Sie jetzt das Kapitel gemeinsames Spiel! Sie werden sicher eine gemeinsame Lieblingsbeschäftigung finden.

S wie Schuhe zerbeißen

Ein echter Klassiker ist das Erbeuten und Zerbeißen von Schuhen. Da hat man den Vierbeiner einmal nicht im Blick und schon hat er einen Schuh quer im Maul. Kaum die Beute im Mund, rast der Hund damit scheinbar stolz wie Oskar zielgerichtet direkt in sein Körbchen. Warum zeigen junge Hunde dieses Verhalten? Die Schuhe riechen sehr intensiv nach dem Besitzer – und der wiederum ist sehr wichtig für den Hund. Auch Socken oder Unterwäsche stehen auf der Beliebtheitsskala ganz oben. Der Hund pest mit der Beute meist in hohem Tempo durch die Wohnung. Läuft der Mensch dann hinterher, fühlt der Hund sich in seinem Handeln bestärkt und der Gegenstand wird noch interessanter. Eine einfache, aber wirklich sehr erfolgsversprechende Maßnahme lautet daher: Alle Schuhe wegstellen und den Wäschekorb in für den Welpen unerreichbare Höhe bringen.

Und beim Wäschemachen können Sie eine Arbeitsteilung einführen: Sie legen die Wäsche zusammen, räumen aus und ein und Ihr Hund erhält derweil sein Lieblingsspielzeug.

T wie Training

Auf die Frage, wie oft Sie trainieren sollen, antworte ich meinen Welpenbesitzern immer: „Für mich ist Training das Leben. Und Leben das Training." Damit meine ich nicht, dass Sie Ihr altes Leben umkrempeln oder soziale Kontakte reduzieren sollen. Es soll und muss sich nicht alles um Ihren Welpen drehen. Ich möchte mit dem Satz „Training ist das Leben" eher ausdrücken, dass es in der Erziehung eines Hundes nicht auf gestellte Übungen ankommt.

Der Welpe lernt 24 Stunden am Tag. Der Alltag allein ist für jedes Hundebaby schon ein Training. Gerade in der Anfangszeit kommt es weniger darauf an, möglichst schnell viele Grundsignale wie „Sitz" zu üben. Es gibt keinen Wettbewerb, welcher Welpe am schnellsten das Einmaleins beherrscht. Tägliches Üben ist für mich nichts Gestelltes oder Instruiertes. Für mich beinhaltet das Training mit einem Welpen, ihn für das Leben an der Seite seiner Menschen vorzubereiten. Statt direkt mit „bei Fuß" zu starten, kommt es viel mehr darauf an, dem Hund von Anfang an eine Struktur mit einem festen Rahmen zu geben. Erinnern Sie sich noch mal an Ihre Feenwünsche und setzen entsprechend Ihrer Bedürfnisse und Erwartungen Ihre Prioritäten. Sie wissen nicht, wo Sie anfangen sollen? Es kommt auf scheinbar kleine Dinge an. Für einen Hund ist von großer Bedeutung, wer in der Familie die wichtigen Entscheidungen

Leckerli gegen Schweineohr: Erste Übung für ein Tauschgeschäft.

trifft. Nutzen Sie diese Tatsache dafür, Ihrem kleinen Hund von Anfang eine Struktur zu geben. Zum Beispiel, indem Sie den Welpen erst nach einer aktiven Freigabe Ihrerseits zu fremden Menschen oder Hunden hinlassen. Sie werden bald ein Gespür dafür entwickeln, in welchen Dingen Sie konsequent handeln müssen. Wer von Anfang bei der Erziehung eines Welpen die Aufgabenverteilung im Blick behält und ein bisschen hündisch denkt, wird auch in der Pubertät weniger hinterfragt. Es kommt nicht darauf an, wie lange Sie am Tag Vokabeln mit Ihrem Vierbeiner üben. Schauen Sie eher im Alltag, dass Sie Ihre Entscheidungen konsequent fällen.

U wie Unter- oder Überforderung

Beides ist kein schöner Zustand – weder für den Menschen noch für den Hund. Ein seriöser und gut ausgebildeter Trainer wird dies zu verhindern wissen und Sie mit Ihrem Welpen gut durch die erste Zeit bringen.

Das Entscheidende bei der Erziehung eines Welpen ist, auf die individuellen Umstände Rücksicht zu nehmen. Man kann noch so detailliert planen, am Ende bekommt man am Tag der Abholung eine Art Wundertüte nach Hause. Jede noch so kleine Handvoll Hund bringt schon seinen eigenen Charakter, Gene und bisherige Erfahrung mit in sein neues Zuhause. Schauen Sie genau hin, wie viel Sie von Ihrem Hund verlangen können.

Wählen Sie die Reize, die Sie Ihrem Kleinen zeigen, mit Bedacht aus. Hat Ihr Welpe bei dem Züchter in eher ländlicher Umgebung gelebt? Dann kann in seinem neuen Zuhause schon eine Hauptstraße mit vorbeifahrenden Autos ähnlich aufregend sein wie

Der Welpe hat nur Blödsinn im Kopf? Manchmal steckt eine Überforderung des Hundes dahinter.

für uns ein Besuch in New York. Die neuen Eindrücke müssen erst einmal verarbeitet werden. Das benötigt Zeit und Geduld. Erschrickt Ihr Hund vor den vorbeifahrenden Autos? Dann wäre eine Zugabe von Reizen jetzt eine Überforderung. Planen Sie lieber zwei, drei Besuche einer befahrenen Straße ein. Lassen Sie Ihren Hund merken, dass die Situation für ihn ungefährlich ist. Erst, wenn er in dieser Situation nicht mehr erschrickt, können Sie die Ablenkungsreize erhöhen.

War Ihr Hund dagegen schon seit seiner Geburt vielen Reizen ausgesetzt (etwa, weil der Garten der Züchterfamilie an einen Kindergarten grenzte), dann können Sie die Außenreize für Ihren Welpen nach dem Einzug schon steigern, etwa mit einem kurzen Besuch auf dem Wochenmarkt, ein guter Ort, damit der Hund viele Menschen, ungewohnte Geräuschkulisse und viele Gerüche als ungefährlich abspeichert.

Wie viel Programm muss einem Welpen geboten werden?

Die Sozialisationsphase von Welpen dauert etwas bis zur zwölften Woche. In dieser sehr sensiblen Phase speichern die Kleinen „Freund und Feind“ ab. Ich empfehle Ihnen, sich mit der Familie zu überlegen, was Ihr Welpe später kennen sollte. Es bringt nichts, sich mit einem Welpen sehr intensiv allein auf das Stadttraining inklusive Fahrstuhlfahren zu fokussieren, wenn dieser Welpe zum Beispiel ab der zwölften Woche seinen Besitzer zur Arbeit in die Tischlerei begleiten muss. Setzen Sie die Prioritäten individuell auf Ihr Leben abgestimmt. Um am Beispiel der Tischlerei zu bleiben, da sollte die Priorität auf ein Umwelt-Training mit vielen lauten Geräuschen gelegt werden.

Kleine Hunde sind in der Regel schnell begeisterungsfähig – sie strotzen vermeintlich nur so vor Energie. Bitte gestalten Sie das Training von Reizen wie eben das Spazierengehen an einer Hauptverkehrsstraße, den Besuch eines Wochenmarktes oder das Training von Fahrstuhlfahren mit Bedacht. Ihr Welpe benötigt Zeit, all diese Eindrücke zu verarbeiten. Ganz allgemein würde ich mich an die goldene Bewegungsregel von fünf Minuten pro Lebensmonat auch in Bezug auf die Gewöhnung von Reizen halten. Möchten Sie zum Beispiel Ihren Hund an das Fahren mit der U-Bahn gewöhnen (etwa, weil das Ihr Arbeitsweg ist und Ihr Hund Sie bald begleiten darf), dann fahren Sie nicht gleich durch die halbe Stadt mit ihm. Hier würden für einen zehn Wochen alten Hund aus meiner Sicht fünf Minuten in der Bahn völlig ausreichen. Der Hin- und Rückweg aus der Stadt ist ebenso aufregend. Achten Sie auch unbedingt auf genügend Ruhephasen für Ihren Welpen, denn er muss all die erlebten Eindrücke verarbeiten. Gönnen Sie ihm nach so aufregenden Erlebnissen direkt eine Ruhephase, der nächste Programmpunkt kann erstmal etwas warten.

Wie erkennt man, dass der Hund überfordert ist?

Direkt in der Übungssituation ist zum Beispiel Hecheln ein Zeichen von Stress. Auch durch vermehrtes Gähnen zeigt der Hund, dass ihn die jeweilige Situation anstrengt. In diesen Fällen ist weniger mehr. Nehmen Sie solche Anzeichen bei Ihrem Hund wahr, dann ist es Zeit für eine Pause. Aber nicht nur im Training von Außenreizen kann es zu einer Überforderung kommen.

Für einen Welpen ist alles Neu, was er kennenlernt. Ein Spaziergang, der über das empfohlene Maß (fünf Minuten pro Lebensmonat) hinausgeht, kann den Hund genauso überfordern wie zu viele Eindrücke in der Stadt. Auch ein Überangebot an Spiel im häuslichen Bereich kann zu Stress beim Welpen führen. Ein Welpe benötigt ungefähr 20 bis 22 Stunden Schlaf beziehungsweise Ruhephasen am Tag. Eine gute Balance zwischen Action und Ruhe und ein gesundes Maß an neuen Eindrücken sind in der ersten Zeit Gold wert. Diese vermeintliche Zurückhaltung am Anfang wird Ihnen Ihr Hund danken, indem er ein entspannter erwachsener Vierbeiner wird.

Wer bist denn du? Zaghaftes Kennenlernen in der Welpengruppe.

Es kommt auf eine gute Balance an – die je nach Hund etwas variieren kann. Nämlich auch die Unterforderung, also das Gegenteil von dem eben beschriebenen, kann für die Entwicklung eines Welpen ungünstig sein. Einen kleinen Vierbeiner aus Fürsorge von allen Umwelteinflüssen fern zu halten, kann zu Problemen im späteren Hundeleben führen. Und nicht nur dann, wenn er ab der 16. Woche seine Besitzer täglich mit dem Bus in die Großstadt begleiten muss. Kennen Sie die Redewendung „Was Hänschen nicht lernt, lernt Hans nimmermehr"? In Bezug auf Vokabeln stimmt dies bei Hunden nicht – ein Vierbeiner ist grundsätzlich in jedem Alter fähig, neue Begriffe zu lernen. Aber im Punkt auf Außenreize wie Geräusche, Menschenmengen, Gewusel in der Stadt ist an dem Spruch in Bezug auf Welpen etwas Wahres dran. Nutzen Sie die Habituation (Gewöhnung an Außen- oder Umweltreize wie Straßenverkehr oder Geräusche), um Ihren Kleinen an die Reize zu gewöhnen, die ihn in seiner Welt erwarten. Auch die Gewöhnung an andere Lebewesen (Sozialisationsphase bis zur 12. Woche) sollten Sie bedenken. In dieser sensiblen Phase speichert der Hund das Erlebte für ihn gefährliche und ungefährliche Kategorien ab. Ist ein Erlebnis wie etwa die Begegnung mit einem Pferd (denken Sie an unser Fallbeispiel) erst einmal negativ belegt, ist es nach der 12. Woche nur mit Training (und dann auch nur bedingt) möglich, den als gefährlich abgespeicherten Reiz wieder als unbedenklich abzuspeichern. Verknüpft der Hund aber eine Lernerfahrung wie etwa einen Besuch in der Stadt mit vielen Menschen und unbekannten Gerüchen positiv, dann bedeuten Reize wie diese auch in der Zukunft keinen Stress für den Hund.

Ab wann ist der Besuch eines Welpenkurses sinnvoll?

Das hängt immer vom jungen Hund selbst ab. Viele Dinge stellen sich erst nach dem Einzug des Welpen heraus. Manche Vierbeiner zeigen sich im neuen Zuhause sehr aufgeschlossen und aufgeweckt. Diese Hunde benötigen nur wenige Tage Eingewöhnungszeit und können dann direkt mit dem Welpenkurs starten.

Wieder andere Welpen zeigen sich sehr schüchtern in ihrer neuen Familie. Diese Hunde würden die Eindrücke eines Welpenkurses überfordern. Haben Sie keine Angst! Die Zeit rennt Ihnen nicht davon. Geben Sie Ihrem Hund so viel Eingewöhnungszeit, wie er benötigt.

Z wie Zurückkommen

Aus meiner Sicht ist das sichere Abrufen neben dem Signal „Bleib" die wichtigste Vokabel, die Sie Ihrem Welpen beibringen können. Viele Hundebesitzer haben ein großes Bedürfnis, ihren Vierbeiner möglichst von Anfang an ohne Leine laufen zu lassen. Dieses Thema haben wir uns unter dem Thema Freilauf schon gemeinsam näher angeschaut. Würde man jeden Welpenbesitzer nach seinem größten Wunsch fragen, würde wohl demnach das sichere Zurückkommen auf Platz eins stehen.

Wie sieht der Weg zu einem verlässlichen Rückruf aus? Es gibt kein Allheilmittel oder den einen richtigen Weg, der für jeden Hund passt. Bei einigen Hunden kommen deren sexuelle oder jagdliche Motivationen dem Freilauf in die Quere und man muss auf dem Weg zu einem sicheren Rückruf noch einmal einen kleinen Umweg nehmen. Es gibt aber auch Mensch-Hund-Konstellationen, bei denen ein Freilauf in der freien Wildbahn nie möglich sein wird. Ein seriöser Trainer erkennt dies und wird den Besitzern Alternativen aufzeigen.

Ein Welpe bringt erst einmal alle Voraussetzungen mit, um einen verlässlichen Rückruf erarbeiten zu können. Ein Freilauf sollte jedoch nie vor dem eigentlich Rückruf-Training erfolgen. Wir können einem Hund nicht einen zuverlässigen Rückruf beibringen, wenn er parallel uneingeschränkte Bewegungsfreiheit genießen kann. Auf einem nicht eingezäunten Gelände empfehle ich daher die Anwendung der Schleppleine. Es gilt auf jeden Fall zu verhindern, dass der Hund durch Nichthören im Freilauf Erfolg hätte.

Sie benötigen Geduld und Ausdauer für das Training. Ein Welpe ist draußen sehr schnell ablenkbar. Viele Außenreize wie Geräusche oder Gerüche wecken seine Aufmerksamkeit. Der Rückruf, der in der Wohnung schon funktioniert, zeigt in diesen Situationen dann oftmals keine Wirkung mehr. Der Vierbeiner schnüffelt unbeirrt weiter, obwohl sein Besitzer ihn ruft. Viele Welpenbesitzer zweifeln dann schnell an ihrer Erziehung. Da kann ich Sie aber beruhigen. Lassen Sie sich auch hierbei wieder nicht unter Druck setzen. Ganz wichtig ist, dass wir auch bei dieser Aufgabe wieder hündisch denken.

Welpen sind sehr reizempfänglich. Wenn der junge Vierbeiner im Haus schon wunderbar auf das Wort „hierher" hört, sieht das draußen auf dem Spaziergang meistens ganz anders aus. Das liegt aber nicht daran, dass der Hund nicht zurückkommen möchte, sondern daran, dass die Vokabel immer noch im Fach „ohne Reize" abgelegt ist. Er-

Platz da, hier komme ich. Ein Welpe im Glück.

innern Sie sich noch an das Kapitel, indem wir uns gemeinsam angeschaut haben, wie ein Welpe lernt? Jede neue Vokabel legt der Hund auf seiner imaginären Festplatte im Ordner „ohne Reize" ab. Damit das Rückrufwort also später auch zuverlässig funktioniert, müssen die Reize von außen langsam gesteigert werden.

Schritt 1:

Überlegen Sie sich dafür eine Vokabel, die Sie später für den Rückruf verwenden möchten. Es sollte ein Wort sein, welches Ihnen locker über die Lippen geht.

Schritt 2:

Starten Sie das Training in einer Umgebung ohne Ablenkung für den Hund. Sprechen Sie Ihren Hund an, locken Sie ihn zu sich. Wenn Ihr Welpe zu Ihnen angelaufen kommt (also auf dem Weg zu Ihnen ist), sagen Sie ihr ausgewähltes Rückrufwort (Schritt 1) und belohnen Sie ihn mit einem Superleckerli. Auf Ihren Vierbeiner sollte eine exklusive Belohnung wie etwa Fleischwurst oder Käse warten. So verknüpfen wir die Handlung „komm zurück" mit dem Wort „hierher" und dem Superleckerli.

Sie möchten, dass Ihr Hund später in jeder Situation auf das Wort „hierher“ sofort zu Ihnen zurückkommt? Steigern Sie die Ablenkungen sehr kleinteilig. Bevor Sie das Rückrufwort nennen, stellen Sie immer die Aufmerksamkeit Ihres Welpen sicher. Die Verknüpfung auf diesen Begriff wird einige Zeit in Anspruch nehmen. Die Lernerfahrung soll für den Welpen sein: Immer, wenn ich zu meinem Menschen komme, passiert etwas Tolles wie etwa eine super Belohnung oder ein gemeinsames Spiel. Es ist sehr ratsam, das Zauberwort sehr kleinteilig zu trainieren. Während des Trainings gilt es parallel zur Verknüpfung von Handlung und Vokabel die Außenreize zu erhöhen. Bei der Wahl der Ablenkungen kann Ihnen ein seriöser Hundetrainer sehr gut weiterhelfen.

Z wie Zwicken in die Hosenbeine

Einem gehenden Menschen schnell mal in die Hosenbeine zu zwicken ist ein sehr häufiges Verhalten bei Welpen. Gerade bei weit geschnittenen Hosen oder flatternden Sommerröcken kann kaum ein Welpe widerstehen. Die Bewegungen sind eine Einladung

Was ist denn da los? Ein Welpe ist draußen im Freien leicht ablenkbar.

Gut gemacht: zur Belohnung fürs Zurückkommen gibt es ein Super-Leckerli.

wie „fang mich doch" für den reizempfänglichen Welpen. Sie müssen jetzt nicht Ihren Kleidungsstil ändern, jedoch empfehle ich Ihnen, am Anfang keine flatternden Kleidungsstücke zu tragen. Ganz einfach aus dem Grund: Diese Phase des „alles ist so interessant" geht schnell vorbei und man muss nicht unnötig mit seinem Welpen einen Konflikt heraufbeschwören. In so ein vorübergehendes Problem müssen Sie keine Energie investieren. Sollte es sich jedoch nicht vermeiden lassen oder sie einen Sommer-Welpen haben, lautet mein Erste-Hilfe-Tipp: Verzichten Sie auf Abschüttelversuche oder aufs Schimpfen. Sollte Ihr Welpe in das Sommerkleid beißen, bleiben Sie sofort stehen. Ohne Bewegung macht dieses Jagdspiel keinen Spaß mehr. Apropos Jagdspiel: Ein ausgelasteter Welpe ist reizunempfänglicher. Sie können Ihrem Welpen auch ein Alternativverhalten anbieten, zum Beispiel: Statt in mein Kleid zu beißen, kannst du den Zergel tragen.

11.

Alles wird gut

Wie komme ich daran? Nicht jeder Welpe kann den Verlockungen auf dem Esstisch widerstehen.

Werden Sie zurzeit von einem Vierbeiner in den Wahnsinn getrieben? Stibitzt er Essen vom Tisch oder zwickt Ihnen in die Fersen?

Oder haben Sie im häuslichen Bereich einen tiefenentspannten Welpen, der eine Persönlichkeitsveränderung vornimmt, wenn es nach draußen geht? Hängt er sich wild knurrend in die Leine?

Alles wird gut und alle Mühe lohnt sich – versprochen!

Ein Hund gibt einem enorm viel Lebensqualität. Und gleichzeitig kennt jeder Welpenbesitzer diese Augenblicke, in denen man komplett überfordert ist und einfach nicht weiter weiß. Liebe Welpenbesitzer – diese Gedanken sind normal. Lassen Sie sie zu. Sie dürfen auch mal alles blöd finden. Es ist nicht immer alles rosarot. Sie brauchen sich mit niemanden auf einen Wettstreit einzulassen und niemandem etwas beweisen. Sich selbst am allerwenigsten.

Manchmal sind Welpen eben wie ein kleines Mysterium. In einem Moment ist noch alles gut und einen Wimpernschlag später nehmen sie das Haus auseinander. Oder Sie haben sich in Ihren Vorstellungen entspannt mit dem süßesten Welpen der Welt durch den Wald schlendern sehen und zupfen ihm in der Realität alle zwei Meter eine Kastanie aus dem Maul?

Es wird alles gut!

Nehmen Sie auch solche Situationen an und hadern Sie deswegen nicht mit sich. Ich möchte Ihnen damit den Druck nehmen und gleichzeitig Mut machen. Wenn ein Problem auftritt, dann ist es nicht schlimm. Es ist auch nicht Ihr Versagen.

Konzentrieren Sie sich auf die Ursache des Problems. Hat man das Verhalten seines Hundes eingeordnet und kann es nachvollziehen, steht dem Arbeiten an der individuellen Problematik nichts im Wege.

Scheuen Sie sich nicht, einen Profi um Rat zu fragen. Ein seriöses, gutes Hundetraining beginnt immer erst mit einer Einschätzung des Hundes und mit der Ursachenforschung des unerwünschten Verhaltens.

Mein Credo ist: Wehret den Anfängen. Gerade in der Erziehung eines Hundes ist es sinnvoll, unerwünschte Verhaltensweisen sofort anzugehen und nicht auf die lange Bank zu schieben. Oft liegen einem unerwünschten Hundeverhalten Missverständnisse mit dem Menschen zugrunde. Die sollte beseitigt werden, sonst manifestiert sich daraus ein dauerhaftes Problem.

Haben Sie Geduld, selbst, wenn die unerwünschte Verhaltensweise Ihres Hundes Sie auf die Palme bringt! Es gibt keinen Hebel oder Knopf zum sofortigen Ausschalten eines Verhaltens. Während eines Trainings ist es häufig notwendig, an verschiedenen Strukturen zu arbeiten. Erst dann kann der Hund sein Verhalten nachhaltig ändern.

Warum tut er das? Dieser Frage sind wir in unterschiedlichen Zusammenhängen nun gemeinsam auf den Grund gegangen und haben gelernt, dass ein Welpe keine hinterlistigen Protest-Gedanken hat und Sie auch nicht in Frage stellt, wenn er mal seine drolligen fünf Minuten hat. Nur wenn man den unbeabsichtigten Verstärker für ein Verhalten kennt, nimmt man diesen entweder weg oder fügt einen anderen Verstärker hinzu, um ein gewünschtes Verhalten zu fördern.

12.

Wie finde ich einen guten Hundetrainer®

Hundetraining basiert auf Vertrauen und auf Verantwortung. Hundebesitzer vertrauen mir zum Teil sehr private Dinge an, in der Hoffnung, dass diese Informationen zur Problemlösung beitragen. Daher spielen Empathie und vor allem Sympathie zwischen Trainer und Hundebesitzer eine große Rolle. Kein Gedanke, keine Frage darf Ihnen zu peinlich sein. Gemeinsam verbringt man einen Lebensabschnitt. Wenn das Miteinander nicht stimmt und Sie vor jedem Training Bauchschmerzen verspüren, stimmt etwas nicht. Ein Hundetraining soll auch Spaß machen dürfen.

Jeder kommt auf seine Kosten: Auch Kinder können in das Hundetraining mit eingebunden werden.

Das Angebot an Trainingsangeboten ist schier riesig. Informieren Sie sich daher über die Trainingsphilosophie der jeweiligen Hundeschule. Mir persönlich ist es wichtig, ohne Gewalt zu arbeiten. In meiner Arbeit behalte ich das Lernverhalten der Hunde und vor allem die neuesten wissenschaftlichen Erkenntnisse im Auge.

Wir sind ein Team:
das Training eines Hundes
soll Freude bereiten.

Ein seriöses Welpentraining erkennen Sie am Aufbau der Gruppenstunden. Jeder Übungsschritt sollte erklärt und individuell auf Ihren Hund abgestimmt sein. Sie als Hundehalter sollten auch in die Stunde involviert sein. Eine reine Welpenspielgruppe, in der die Hundebabys sich selbst überlassen werden und die Menschen nur Zuschauer sind, halte ich keineswegs für sinnvoll. Und denken Sie auch hier daran: Ihr Hund muss nichts aushalten. Sie dürfen ihn beschützen, er muss nicht von anderen Vierbeinern gemobbt werden.

Sie werden den richtigen Weg finden! Ein solides und vernünftiges Welpentraining ist auf dem Weg zu einem harmonischen und entspannten Mensch-Hund-Gespann Gold wert.

13.

Glücks-Tagebuch

Haben Sie schon ein Glücks-Tagebuch? Die Entwicklung eines Welpen verläuft in Schüben. Und genau so ist es auch mit den Lernerfolgen. Am Anfang geht die Lernkurve steil nach oben. Die kleinen Vierbeiner saugen förmlich jede Vokabel auf und man erkennt gefühlt über Nacht Fortschritte.

Zum Knuddeln, oder? Kein Welpe ist immer nur ein Engel. Aber auch die Talfahrten gehen vorüber.

Im Laufe der Entwicklung und je älter die Hunde werden, gerät die Kurve dann irgendwann ins Stocken. Die Vierbeiner werden für Reize empfänglicher und können sich oft schwerer konzentrieren. Oftmals sucht man dann bei sich selbst den Fehler. In Wirklichkeit gibt es aber keinen: Es ist völlig normal, dass Hundebabys an manchen Tagen auch mal auf Durchzug schalten. Sie benötigen dann einen umsichtigen Menschen, der sie fördert, aber nicht überfordert und das Lerntempo seines Schützlings anpasst. Und genau für diese Tage, an denen man das Gefühl hat, der Kleine hat alles Gelernte vergessen, ist ein Glückstagebuch sehr mutmachend. Notieren Sie deshalb von Anfang an ähnlich wie in einem Vokabelheft, welche neuen Signale Sie ihm beibringen. Schreiben Sie auch all die lustigen und überraschenden Erlebnisse auf. Sie werden überrascht sein, was Sie gemeinsam schon alles gelernt haben. Schauen Sie an schwierigen Tagen in Ihr Glückstagebuch: Alles, was Ihr Welpe beherrscht, hat er von Ihnen gelernt!

14.

Zum guten Schluss

Das Glück der Erde liegt auf dem Rücken der Pferde – ein schöner Spruch. Warum gibt es eigentlich keinen gleichartigen Vers in Bezug auf uns Hundeliebhaber? Vielleicht können wir gemeinsam noch einen erschaffen. Ich danke Ihnen, dass Sie dieses Buch ausgewählt haben. Vielleicht haben Sie es auch von einem lieben Menschen geschenkt bekommen? In jedem Fall hoffe ich, dass Sie den „Mythos" Welpe ein Stück für sich entschlüsseln konnten.

Auch wenn der Weg im ersten Lebensjahr eines Hundes manchmal steinig ist, seien Sie gewiss: all die Mühe lohnt sich. All das was Sie im ersten Lebensjahr an Zeit, Energie und Training investieren, bekommen Sie dreifach zurück. Mit großartigen Momenten und Erlebnissen in all den wunderbaren gemeinsamen Jahren mit Ihrem Hund, die alle noch vor Ihnen liegen. Einen verlässlichen Begleiter auf vier Pfoten zu haben, bedeutet großes Glück und Zufriedenheit.

Ich habe dieses Buch 2020 geschrieben, in einem Jahr, das uns alle vor einige Herausforderungen gestellt hat. Wenn uns dieses Jahr aber eines gelehrt hat, dann, dass man nicht immer höher, schneller und weiter streben sollte. Das große Glück liegt oftmals so nah. Wenn gerade ein Vierbeiner neben Ihnen liegt, dann graben Sie jetzt ganz fest Ihre Nase in sein Fell und genießen Sie das Glück und die gemeinsame Zeit.

Mag die Zeit mit dem Welpen auch mal anstrengend sein - versuchen Sie, diese besondere Zeit zu genießen.

15.

Danke

Bevor ich beginne ein Buch zu lesen, blättere ich meist auf den hinteren Seiten auf der Suche nach der Danksagung. Für mich ist es jedes Mal so, als ob ich dem Autor kurz begegnen würde. Ich habe das Gefühl, den Menschen hinter dem Buch etwas kennenzulernen. Es soll Leute geben, die empfinden die Worte als Lobhudelei oder überflüssig. Ich empfinde das Gegenteil. Für mich ist das Schreiben eines Buches sehr positiv und emotional besetzt. Man beschäftigt sich über einen vorher festgelegten Zeitraum so unglaublich intensiv mit dem Inhalt und mit dem Schreiben. Der Prozess, in dem Gedanken zu Sätzen werden nimmt einen großen Teil des Tages ein. Und ohne jetzt zu philosophisch klingen zu wollen ist es jedes Mal für mich wie eine Reise. Und auf jeder Reise sammelt man Eindrücke und wird von Menschen begleitet oder inspiriert. Und genau so ist es auch bei diesem Buch. Während des Schreibens hatte ich einige Reisebegleiter, denen ich ein ganz besonderes DANKE sagen möchte:

Dieses Buch widme ich meinem Matti. Ich danke dir, dass du dein Leben mit mir verbracht hast. Mit acht Wochen bist du als kleiner Goldi-Welpe eingezogen. Fast 12 Jahre lang sind wir den Weg gemeinsam gegangen. Ich werde dich nie vergessen. Dein Verlust ist manchmal kaum auszuhalten. In diesen Momenten hilft mir dann ein Zitat von Goethe: „Was man tief in seinem Herzen besitzt, kann man nicht durch den Tod verlieren.“

Danke Mama – während des ersten Lockdowns wurdest Du über Nacht für mich zur Kamerafrau und Matti und Fiete unsere Models. Ohne Dich hätte ich das so wichtige Online-Training für meine Kunden nicht stemmen können. Ich danke Dir für Deinen bedingungslosen Rückhalt – in allen Lebenslagen. Du bist einfach wunderbar.

Linda – ich danke Dir von Herzen für unsere Freundschaft, Deine Loyalität und für Deine inspirierenden Worte zur richtigen Zeit. Deine bedingungslose Unterstützung nach Mattis Diagnose werde ich Dir nie vergessen.

Arne und Fiete – ich danke Euch, dass Ihr an meiner Seite seid. Danke für Euer Ohr, für Eure Nähe und für die beste Umgebung zum Schreiben.

Dieses Projekt wäre ohne Frau Rau vom Kynos Verlag niemals möglich gewesen. Ich danke Ihnen für das entgegengebrachte Vertrauen und die so wunderbare Zusammenarbeit.

Melli – Du bist nicht nur einer der herzlichsten Menschen, die ich kenne. Du bist für mich ein Foto-Genie. Ich danke Dir für die großartigen Fotoshootings. Deine Art ist es, die die Menschen zum Lächeln bringt.

Und ich möchte mich bei all meinen LIEBLINGSHUNDEN bedanken. Ich habe die besten Kunden der ganzen Welt. Ich danke Euch von ganzem Herzen für das Vertrauen.

2020 war für uns alle eine Herausforderung. Mehrere Wochen konnten wir aufgrund des Lockdowns nicht oder nur eingeschränkt trainieren. Die Wertschätzung meiner Alternativ-Angebote hat mich mehr als gefreut. Ich danke Euch für Eure Solidarität, Unterstützung und Vertrauen in meine Arbeit.

Und ohne meine großartigen Welpenbesitzer und ihre fabelhaften Hunde wären diese grandiosen Fotos für das Buch nicht zu Stande gekommen. Danke, dass Ihr dem Buchprojekt so viel Vertrauen entgegengebracht habt.

Jana Rätke

Welpen-Tagebuch

DAS KÖNNTE SIE AUCH INTERESSIEREN

Hardcover, 192 Seiten, durchgehend farbig
ISBN: 978-3-95464-132-1 19,95 EUR (D)

Jana Rätke & Barbara Perfahl

Abenteuer Welpe

Überlebenstipps für die ersten Wochen

In vielen Ratgebern zur Welpenerziehung klingt immer alles so ideal: Der Kleine entzückt rund um die Uhr mit seiner Niedlichkeit, macht nichts als Freude und lässt sich mit dem passenden Sozialisations- und Erziehungsplan für eine problemlose Zukunft programmieren.

Die Realität sieht oft ganz anders aus: Auf Schlafmangel, ständiges Hinterherwischen, zerstörte Gegenstände, blankliegende Nerven und Stress mit dem Partner hat einen niemand so richtig vorbereitet. Besonders Erst-Welpenbesitzer sehen sich schnell mit falschen und enttäuschten Erwartungen konfrontiert und fragen sich, ob ihr Welpe aus der Art geschlagen ist oder sie selbst unfähig sind.

Dieser praktische Ratgeber hilft, die turbulenten ersten Wochen im Leben mit einem Welpen als das zu betrachten, was sie sind: Den wirklich ganz normalen Wahnsinn, den auch andere vor Ihnen bereits überlebt haben. Wie Sie mit Nervenkrisen, vermeintlichem Problemverhalten des Welpen, besserwissenden Mitmenschen und anderen Katastrophen des Welpenbesitzer-Alltags gelassen umgehen, zeigt das Autorenteam aus Hundetrainerin und Psychologin auf einzigartige Weise.